——— ちくま学芸文庫 ———

地震予知と噴火予知

井田喜明

本書をコピー、スキャニング等の方法により無許諾で複製することは、法令に規定された場合を除いて禁止されています。請負業者等の第三者によるデジタル化は一切認められていませんので、ご注意ください。

目　次

まえがき　009

1章　東日本大震災の教訓　013

1.1　地震発生時の経験　014
a. 首都圏での経験／b. 震度／c. 東北地方の友人

1.2　地震の大きさ　021
a. 震源と断層／b. マグニチュード

1.3　地殻変動と津波　032
a. 地殻変動／b. プレート間地震／c. 津波／d. 地震の波及効果

1.4　予知のすれ違い　047
a. 中長期的な予知／b. 直前の予知／c. 津波の予測

1.5　防災対応の問題点　057
a. 何を想定しどう対処するか／b. 最悪の事態の見積り／c. 賢い選択の方法

2章　予知の方法と歩み　063

2.1　何を予知するか　063
a. 予知の要素／b. 地震発生の確率／c. 短期的な予知と中長期的な予知

2.2　予知の基盤　072
a. 地震は断層すべり／b. プレートテクトニクス／c. 沈み込み帯の地震と火山

2.3 予知の体制と方策　094
a. 予知計画／b. 前兆現象

2.4 噴火予知の経験　102
a. 有珠山の噴火／b. 三宅島の噴火／c. 噴火の短期的な予知の問題点／d. 噴火の中長期的な予知

2.5 前兆現象に基づく地震予知の試み　115
a. ダイラタンシー理論／b. 中国の地震予知／c. ギリシャの地震予知／d. パークフィールドの地震

2.6 東海地震は予知できるか　124
a. むずかしいテクトニクス／b. 東海地震の予知体制／c. 予知のあり方の問題点

2.7 阪神淡路大震災とその後の改革　131
a. 阪神淡路大震災／b. 緊急地震速報／c. 予知計画の見直し／d. 学術研究の進歩

2.8 注目される地震と火山　138
a. 南海トラフ沿いの巨大地震／b. 首都圏の地震／c. 富士山の噴火

3章　予知の科学　149

3.1 予知の可能性を考える比喩　150
a. ボール投げ／b. 板の破壊

3.2 地震の統計則　155
a. グーテンベルグ・リヒター則／b. 地震の頻度分布と発生機構／c. フラクタルとしての地震

3.3 予測可能性とカオス　163
a. 大気の対流／b. ローレンツ方程式の解／c. 奇妙なアトラクターとカオス／d. 予測の可能性と限界

3.4 地震と破壊　177
a. 応力の蓄積と解放／b. 一様な場の破壊／c. アスペリティーとバリア／d. 断層面上の摩擦則

3.5 地震発生場の性質と形成過程　195
a. バリアによる地震発生場のモデル化／b. 自己組織化による地震発生場の形成

3.6 噴火予知の科学　203
a. 噴火のモデル／b. 噴火発生の場

4章　予知の展望　211

4.1 予知能力の評価　211
a. 評価の項目と基準／b. 評価の試み

4.2 予知科学の推進　218
a. 現象の理解／b. 研究の推進策

4.3 予知手法の刷新　224
a. 中長期的な予知／b. 短期的な予知／c. 現象の加速性

4.4 予知体制の評価と改革　234
a. 実施体制／b. 計画を策定する体制／c. 基礎研究の体制

参考資料　243
索引　249

地震予知と噴火予知

まえがき

　東日本大震災が発生してから1年余りが経過した．この震災では，巨大地震や大津波によって東北地方の太平洋沿いの地域などが壊滅的な被害を受け，2万人近くの方々が亡くなられた．東京電力の福島第1原子力発電所で炉心溶融の大事故が誘発されたことも加わって，災害からの復旧には時間がかかっている．

　自然現象も目が離せない状態にある．巨大地震の発生後に関東周辺などで地震活動が活発化して，首都圏を襲う大地震が間近になったと言われている．南海トラフ沿いの巨大地震の発生も切迫感を増してきた．地震現象や噴火現象について，またその予知について，改めてじっくりと考えるべき時期にきていると感じられる．

　この間に東日本大震災について，また地震予知について書かれた書物は少なくない．しかし，これらの書物に私は不満を覚えている．その多くが「地震とはこういう現象ですよ，予知はこのようにするのですよ」と，専門家が一般の人たちに教える姿勢で書かれているからである．

　現実には，地震現象には理解が未熟な部分も少なくないし，地震予知はまだ実用化のめども立ってない．いま必要

なのは，地震の専門家が一般の人たちを啓蒙することではなく，地震現象について，また予知について，専門家以外の研究者もまじえて皆で考えることだと思われる．この視点で関連する内容をまとめてみよう．そう思い立って準備したのが本書である．

　この趣旨に沿うべく，本書には以下のような工夫をこらした．

　基礎概念は予備知識なしに明快に理解できるように配慮した．その記述には，概念が生まれた背景や理由も含めるようにし，必要に応じて比喩も加えた．例えば，震度やマグニチュード（1章），フラクタルやアスペリティー（3章）の解説をご覧いただきたい．

　現象の記述では，考え方の筋道の理解を重視した．例えば，東北沖の巨大地震によって太平洋沿岸がなぜ大きく沈降し東向きに移動したかについて，簡単なモデル計算（図1.6）を用いて理由を示した．さらに，海岸から離れた海底に鋭い隆起が生ずることを指摘し，それが津波の原因になることを津波のモデル計算（図1.7）も用いて説明した．

　地震現象も含めて，固体地球の活動に関する理解は時代とともに推移してきた．2章では，それを行間に込めて，地震予知には実用化に楽観的な時期と悲観的な時期があったことを指摘した．東海地震の予知体制や地震発生の確率予測は，その流れのなかで生まれたことを理解していただくためである．

地震の発生過程に関する理解はまだ固まっていない．地震学研究者の間では，アスペリティーの概念を地震予知の基盤にしたいとする意見があるが，そのモデルにも多くの問題点が残されている．3章ではそのことを指摘し，予知の基盤となりうる別なモデルも提示した．

　予知の推進の仕方や体制についても問題点は少なくない．それは4章にまとめた．

　本書は地震予知と噴火予知の両方を扱っているが，東日本大震災の発生を受けて，記述の重点は地震予知におかれている．現時点では地震予知の問題の方が切実だと考えたからである．噴火予知は，多くの箇所で地震予知と比較する材料として使われる．

　前兆現象が体系的に理解されている点で，またそれを実際の予知に活用した実績をもつ点で，噴火予知は地震予知より勝っている．2章ではこの点に着目し，地震予知についての議論を準備する意味もこめて，噴火予知をまず取り上げた．4章では地震予知と噴火予知を並べて比較しながら，問題点と課題を総合的に展望した．

　私は地震の研究に長期間関与してきたが，日本の噴火予知の中心にいたこともある．この経験が地震予知と噴火予知を比較して議論する上で利点になった．

　予知には困難な課題が山積しているが，現状を多くの人々に周知するために，また今後の推進策を皆で検討する

うえで,本書が多少なりとも貢献できることを願っている.

　本書を生み出す過程で,筑摩書房の渡辺英明編集長,海老原勇氏,岩瀬道雄氏に多くのご教示と励ましをいただいた.また,本書の計画段階では,朝倉書店の森田豊氏に貴重な助言をいただいた.ここに記して感謝の意を表したい.

　　2012年5月

　　　　　　　　　　　　　　　　　　　井田　喜明

1章　東日本大震災の教訓

　2011年3月11日14時46分，日本でこれまで経験したことのないような大地震が発生した[1][2][3][4][5]．地震の規模を示すマグニチュードは9.0と見積られ，気象庁はこの地震を「東北地方太平洋沖地震」と命名した．

　圧倒的に強い最初の揺れ（本震）の後にも，余震による強い揺れが続いた．たくさんの揺れに混ざって，本震後40分ほどの間にマグニチュードが7を超える地震が3回も起きた．これらは単独で起きても被害をもたらす可能性の高い大地震である．さらに，地震によって大きな津波が誘発され，海岸に到達した津波の高さは場所によっては40mに達した．

　地震と津波は東北地方を中心に甚大な被害をもたらし，19,000人余りの死者・行方不明者が出た．深刻な被害は主に津波によるものだった．さらに地震と津波が原因となって原子力発電所の事故が起こり，それが復興の大きな妨げとなっている．

　この広域の大災害を我々は東日本大震災とよぶ．この大震災によって，その後の日本は政治・経済から社会生活に至るまで大きな影響を受け，それは日本人の生活スタイル

や人生観にまで影を落としている.

本書の主題は地震や噴火の予知について広く検討し,その将来を展望することであるが,出発点として,本章ではこの大地震から何が学べるかを考えてみたい.その過程で震度,震源,断層,マグニチュード,地殻変動,プレート間地震,津波などの基礎概念についても学ぶ.

1.1 地震発生時の経験

東北地方太平洋沖地震がまさに発生したときに,人々は何を見,何を経験したのだろうか.それを頭に浮かべながら,この地震がどのようなものであったかという問題に入っていこう.以下は東京に住む私自身の経験である.

a. 首都圏での経験

東北地方におられた人たちとは比べものにならないものの,東京にいた私の周辺でもさまざまな異常な出来事が経験された.しばらくの間,私たちはこの日にどのような経験をしたかを会う人ごとに情報交換し,それが挨拶の代わりになった.

会社の同僚たちは都心のビルの7階で激しい揺れに遭い,机の下にもぐりこんだという.揺れがひと段落すると,ビルから脱出してわずかな緑の空間に身を寄せて,周りの高層ビルがゆっくりと大きく揺れるのを恐怖とともに眺めた.夕方になると揺れはかなり収まったが,都内や周

辺の主要な交通機関が止まってしまったために，同僚たちの多くは帰宅できずに会社に宿泊した．残りの人たちは歩いて帰路につき，夜中までかかって家にたどり着いた．

私はその日は勤務日でなかったので，地震が起きた時は自宅の近くで買物をしていた．三鷹駅の陸橋の上で突然大きな揺れに遭い，立っていられずにしがみつくようにベンチに腰を下ろした．道路沿いの電柱がたわみながら大きく揺れ，倒れないかと心配だった．前の八百屋では，屋外に陳列してあった野菜や果物がごろごろところげ落ちた．

近くにいた人が，携帯電話で素早く情報をキャッチして，震源は東北の沖合だと語った．想定されていた宮城県沖の地震がついに起きたのか．だが，それにしては揺れが大きいな．震源はもっと近いのではなかろうか．それが最初に考えたことだった．

揺れが収まってから，自宅に向かって街を歩いた．周辺の道路や建物を注意深く観察したが，明確な地震の痕跡は見つからなかった．家に入っても，家具はどれも倒れておらず，机の上に物の散乱などの乱れは見られなかった．

ところが，テレビを点けると，上空からとらえられた恐ろしい映像が目に飛び込んできた．大きな津波が陸上に遡上してきている．手前の道路にはたくさんの自動車が走っている．車中の人たちは津波が来ていることを知っているのだろうか．そんなことを自問している間に，津波が次々と自動車をのみこんでいく．ぞっとするような悪夢が目の前でまさに進行していたのだ．

b. 震度

　地震による地面の揺れ（地震動）の大きさは 0 から 7 までの震度で表現される[1][6]．震度 0 は人が揺れを感じない状態であり，震度が 7 になると人は自力では身動きできない．一般に，震度が 5 弱より大きくなると，建物や家具などに被害が出始める．

　震度はもともと 8 段階で表記されていたが，阪神淡路大震災（1995 年，2.7 節 a 参照）後に，震度 5 は 5 弱と 5 強に，6 は 6 弱と 6 強に細分され，揺れの大きさは表 1.1 のように 10 段階で表記されるようになった．同時に震度は震度計で自動計測されるようになった．その結果，地震が起こるとすぐに自動計測によって震度が決められ，約 1 分半後に震度 3 以上の地名がテレビの画面でテロップとして流されるようになった．

　震度は加速度にほぼ対応する．加速度とは速度の変化率（単位時間あたりの速度の変化量）のことである．力学を学んだことのある人は，ニュートンの運動の法則を覚えておられるだろうか．この法則によれば，加速度は力に比例する．したがって，震度は地面の揺れが上に載っている人や物を引きずろうとする力の大きさを表現する．

　そう考えると，震度計の実体が加速度型地震計（強震計）であることが理解できるだろう．ただし，震度は加速度に単純に比例するわけではない．計測された加速度から震度を得るには，複雑な数値処理がなされる．

　じつは，このような震度（気象庁震度階級）を使うのも，

表 1.1 震度の概要 [気象庁: http://www.jma.go.jp/jma/ より]

震度	揺れや被害の概要
0	人は揺れを感じない.
1	屋内で静かにしている人の中には,揺れをわずかに感じる人がいる.
2	屋内で静かにしている人の大半が,揺れを感じる.
3	屋内で静かにしている人のほとんどが,揺れを感じる.
4	ほとんどの人が驚く. 電灯などのつりさげ物は大きく揺れる. 座りの悪い置物が倒れることがある.
5弱	大半の人が恐怖を覚え,物につかまりたいと感じる. 棚にある食器類や本が落ちることがある. 固定してない家具が移動することがあり,不安定なものは倒れることがある.
5強	物につかまらないと歩くことが難しい. 棚にある食器類や本で落ちるものが多くなる. 固定してない家具が倒れることがある. 補強されていないブロック塀が倒れることがある.
6弱	立っていることが困難になる. 固定していない家具の大半が移動し,倒れるものもある. ドアが開かなくなることがある. 壁のタイルや窓ガラスが破損,落下することがある. 耐震性の低い木造建物は,瓦が落下したり,建物が傾いたりすることがある. 倒れるものもある.
6強	這わないと動くことができない. 飛ばされることもある. 固定していない家具のほとんどが移動し,倒れるものが多くなる. 耐震性の低い木造建物は,傾くものや,倒れるものが多くなる. 大きな地割れが生じたり,大規模な地すべりや山体の崩壊が発生することがある.
7	耐震性の低い木造建物は,傾くものや,倒れるものがさらに多くなる. 耐震性の高い木造建物でも,まれに傾くことがある. 耐震性の低い鉄筋コンクリート造りの建物では,倒れるものが多くなる.

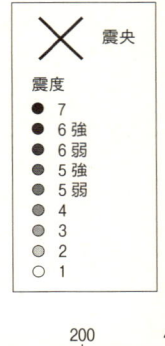

図 1.1 東北地方太平洋沖地震（2011年3月11日，M9.0）の時に観測された各地の震度．色が濃くなるほど震度は大きくなる．[地震調査研究推進本部：http://www.jishin.go.jp/main/ より]

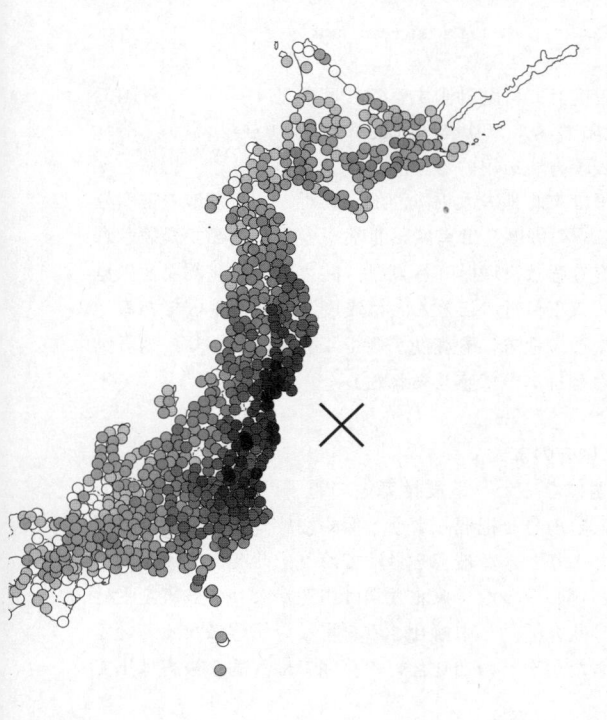

震度を震度計で自動計測するのも日本だけである．外国では 12 段階のメルカリ震度階級がよく用いられるが，それ以外の表現方法を用いる国もある．

　図 1.1 は東北地方太平洋沖地震に対応する各地の震度分布である[7]．震度 7 は宮城県北部や岩手県南部で経験された．震度 6 強は宮城県，福島県，関東地方の北部などに見られる．東京付近のほとんどは震度が 5 強か 5 弱である．北海道や近畿地方にも震度が 3 や 4 の場所があり，地震動はほとんど日本中で感じられた．

c. 東北地方の友人

　次の週になると，地震見舞いの電子メールなどを出して，知人の消息を把握しようと努めた．つくばの研究機関は思ったより大きな被害を受けており，研究に支障が出ていることがわかった．東北大学は当然かなりの被害を受けており，研究活動も中断せざるを得ない状態になっているようだったが，私の知り合いの範囲では人的な被害は出ていなかった．

　一番心配したのは塩釜に住む知人（谷口宏充東北大名誉教授）の消息である．場所から見て当然津波の被害を強く受けたはずである．電子メールには何の返信もなかったので，やはりだめだったかと心を痛めた．ところが，2 週間ほど経ってから，彼から突然返信が来た．ようやく電気が復旧して，電子メールによる交信が可能になったというのだ．

谷口氏の住居は塩釜港から数十メートルの距離の高台にある．ここにも3mの津波が襲ってきたが，氏は11階の居室で難を逃れた．ただし，購入したばかりの自動車は流されてしまったという．居室から撮影された写真の一枚を図1.2に拝借する．この写真には，津波によって海面が小舟と一緒に持ち上げられるようすが，近くでそれを見ている人たちと一緒に写っている．

1.2　地震の大きさ

　東北地方太平洋沖地震はどのような地震だったのだろうか．地震の性質や原因に関する基礎知識を整理しながら，この地震の特徴を把握しておこう．

a. 震源と断層

　震度の分布を示す図1.1には，宮城県の沖合に震源が記されている．ところで，「震源」とは何だろうか．文字通りに解釈すれば，地震が発生した場所ということになる．広い意味ではそういう使い方もするが，厳密な意味ではその解答は満点とは言えない．

　地震の揺れ（地震動）を起こす原因は地殻の内部で発生する破壊である．煎餅を割ったときにパリッという音がするが，このように破壊の衝撃は音波となって伝わり，耳に届いて鼓膜を振動させる．

　地震の場合にも，破壊の衝撃は音波（地震波）として周

1章 東日本大震災の教訓

1.2 地震の大きさ

図1.2 東北地方太平洋沖地震（2011年3月11日）の時に，塩釜港に到達した津波．[谷口宏充氏の撮影]

囲に伝わる[8]. 地殻は固体なので, 音波にはP波（縦波）とS波（横波）の2種類がある. 地表には, まずP波が到達して縦揺れに近い震動（初期微動）を起こしてから, S波や地表に沿って伝わる表面波が遅れて到達して, もっと大きな振幅で地面を揺らす.

地震の発生源では, 地殻の内部に亀裂（断層）が生じ, その面を境に両側が勢いよくすべってずれを生む. 1点で破壊が始まると, その影響は隣に連鎖的に伝わって断層面を広げる. 破壊の広がりは一方向に偏ることも, 多方向にわたることもある. 断層はすべりの位置や大きさを変えながら各点から地震波を出し続けるので, 地震の揺れの原因は広がりをもつ断層面全体にある.

図1.3に, 東北地方太平洋沖地震を起こした断層を, 長方形で近似して図示する[1]. 断層は南北方向に600 km以上, 東西方向に250 km以上も広がっている. この広い断層に沿う大きなすべりが, 東北地方を中心とする広い範囲に強い地震の揺れをもたらした.

図1.3には, 本震の震源が一番大きな丸で書かれているが, それは断層上の1点にしかすぎない. 震源とは, 断層面上で破壊が最初に起きた点, すなわち破壊の開始点のことである. 破壊は震源を起点に始まったのだ. したがって, 震源は断層全体を表現するわけではないが, 地震を代表する点としてよく使われる. 震源と区別して, 断層全体を震源域と呼ぶことがある. なお, 震源の真上にあたる地表の点を震央と呼ぶ.

震源の位置は，各々の観測点に最初に到達した地震波（初動）を用いて容易に計算できる．震源から遠くなる程，初動の到達が遅れるので，その時間差は震源までの距離の情報を含んでいる．複数の観測点について，初動の到達時刻から得られる距離の情報を集めて，それに合うように震源の位置を計算するのである．

現在では，観測データとオンラインで結ばれた高速コンピュータによって，震源の位置は地震発生後の数分以内にほぼ自動的に計算される．テレビのテロップには，各地の震度が表示されてから間もなく，震源の位置と地震の大きさが流れる．その計算には，初動の時間と震動全体の大きさが使われる．

断層の広がりの全体像は震源ほど簡単には計算できない．拡大しつつある断層の各点から発した地震波は，それ以前に伝播した地震波と混じり合って，観測記録上でも簡単には分離できないからである．地震波形から断層面の拡大やすべりの分布を見積るには，地震学的にも高度の解析が必要であり，その結果が出るのはずっと後になってからのことになる．

断層がどの範囲を占めるかを決める最も簡単な方法は，余震の震源を重ね合わせることである．本震の断層が余震の震源分布でなぜ決まるのかは，そもそも余震とは何かという問題とも関係して，奥の深い問題である．それについては後で考えることにして，図1.3には慣例にしたがって余震の分布から決めた断層を示す[1]．

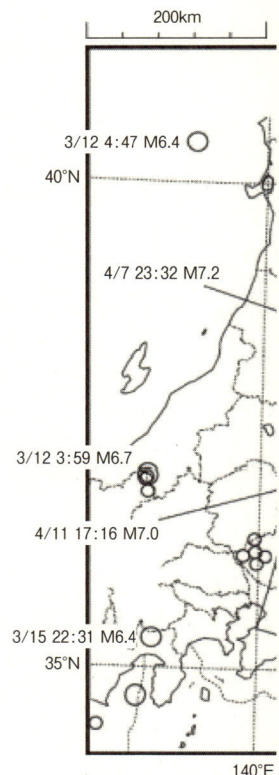

図1.3 東北地方太平洋沖地震の本震と主な余震の震央分布. ◯の大きさはマグニチュードを表わす. すべてが深さ 90 km 以浅の地震である. M7 以上の余震と周辺の主な誘発地震については, 地震発生の月日 (いずれも 2011 年), 時刻, マグニチュードを示す. [気象庁: http://www.jma.go.jp/jma/ より]

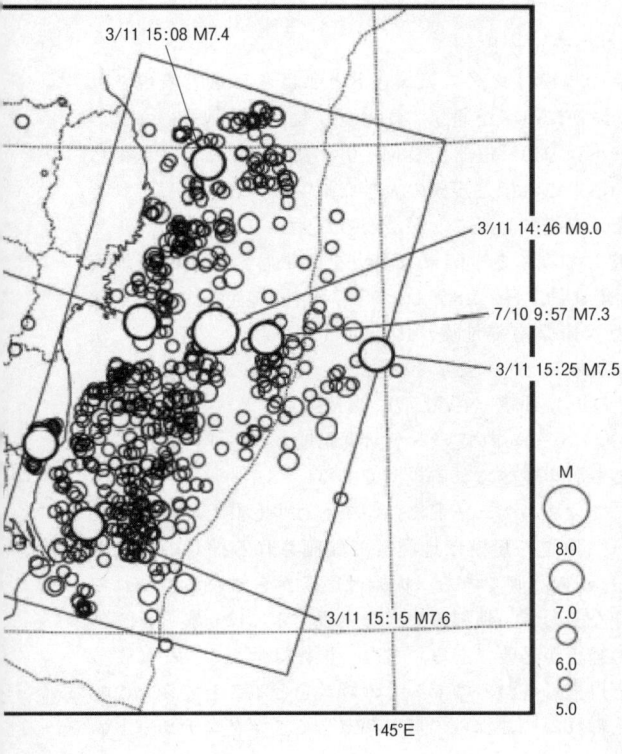

図の長方形（あるいは，その内部で余震が占める範囲）は，推定される断層面を地表に投影したものである．実際の断層面は地殻の中にあり，その深さは次節に述べるように，陸に近付くほど深くなっていく．

b．マグニチュード

　地震の規模はマグニチュードとよばれる量で表現される[8]．最初に述べた通り，東北地方太平洋沖地震のマグニチュードは 9.0（短縮して M9.0 と表記される）と見積られている．これほど規模の大きな地震は，日本ではそれまでほとんど経験したことがなかった．

　比較してみると，関東大震災を起こした大正関東地震（1923 年 9 月 1 日，2.8 節 b）が M7.9，阪神淡路大震災を起こした兵庫県南部地震（1995 年 1 月 17 日，2.7 節 a）が M7.2 であった[9]．世界で経験した最大級の地震として，M9.5 のチリ地震（1960 年）や M9.1 のスマトラ沖地震（2004 年）が知られているが，東北地方太平洋沖地震はそれらとも肩を並べられる規模である．

　ここでマグニチュードについてもう少し詳しく理解しておこう．地震の規模は地震計で観測される揺れの大きさ（振幅）から計測できる．振幅は震源から離れるにつれて小さくなるので，地震の規模を表現するには，震源からの距離の補正が必要である．また，振幅は地震の大小によって数桁以上も変わるので，その対数をとることで変化の幅が抑えられる．これらの点を考慮して，マグニチュードの

概念が生み出された.

ところが,同じ地震でも使用する地震計の特性によって振幅は異なる.また,P波,S波,表面波など,地震波形のどの部分に注目するかによっても振幅は変わる.そのために,実体波マグニチュード,表面波マグニチュードなど,何種類かのマグニチュードが定義され,同じ地震に対しても,いろいろな研究観測機関から異なるマグニチュードの値が発表されることもよく起こる.

このような歴史的な経緯はさておき,物理的に最も明快なのは,地震によって解放される総エネルギー E と対応させて,マグニチュード M(変数であることを強調して,ここでは斜体で書く)を次式で定義することだろう.

$$M = \frac{1}{1.5} \log \frac{E}{E_o} \tag{1.1}$$

ここで E_o は $M=0$ のときのエネルギーで,10^5 J(ジュール)程度の大きさをもつ.

エネルギーは明確に定まる量なので,(1.1)式で定義すれば,マグニチュードはひとつの地震に対して原理的にユニークに定まる.係数に1.5があるので,M が1増えると E は $10^{1.5}=32$ 倍,2増えると1,000倍になる(図1.4左).大正関東地震と東北地方太平洋沖地震の間には,エネルギーにして30倍以上の差があることになる.

歴史的には,(1.1)式はマグニチュードからエネルギーを計算する経験式として得られたが,それをマグニチュードの定義と理解しても支障は生じない.この立場に立て

ば,地震動の振幅からマグニチュードを計算する何種類かの式は,マグニチュードの近似式とみなされる.同じ地震でも近似の仕方でマグニチュードに異なる値が得られると理解できる.

地震で解放される地震波は,地震の規模が大きくなるほど長い周期の波まで含む.断層が大きくなると,波長(周期に比例する)の長い波まで出せるようになるからである.マグニチュードが7程度の地震では,周期が数十秒以下の波が卓越するが,M9.0の東北地方太平洋沖地震は周期が数百秒の地震波も高い割合で出した.

大規模な地震は周期の長い波がエネルギーの主要な部分を担う.そこで,マグニチュードも長周期の極限にあたる振動の大きさ(地震モーメント.2.2節a参照)から精度よ

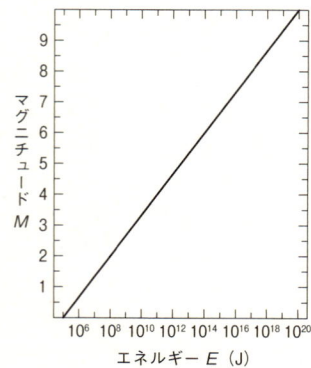

図1.4 地震のマグニチュード M とエネルギー E,断層面積 S,平均的なすべり量 u の関係. M に対応する S と u はおおよその目安を示すものである.

く計算できる．しかし，通常の地震計は地震波の短周期成分の観測を主な目的にするので，大きな地震のマグニチュードを決めるのには適していない．東北地方太平洋沖地震について，地震発生直後に気象庁から発表されたマグニチュードが過小に見積られたのはこのためである．

　地震波は断層面上の各点から発するさまざまな周期の波から構成され，波のそれぞれがエネルギーを解放する．しかし，大まかに言えば，地震のエネルギーは断層の面積と断層面にわたるすべり量の平均値に比例する．一方で，断層が大きくなるほどすべり量も大きくなり，その比は主に岩石の破壊強度で決まる．そこで，すべり量は断層の長さ（面積の平方根）にほぼ比例することになる．

　結局，断層面積と平均すべり量はそれぞれがほぼ独立に

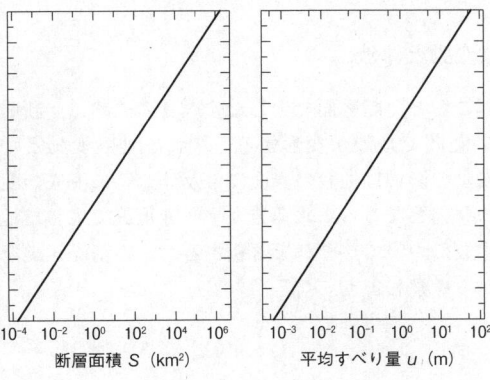

エネルギーと関係して，マグニチュードの関数になる．この関係式の定数を過去の事例から経験的に決めると，図1.4に示すような関係が得られる．この関係は厳密なものではないが，断層面積やすべり量をマグニチュードから簡略に見積る上で便利である．この関係を使うと，マグニチュード9.0に対しては断層面積が$1.6 \times 10^5 \text{ km}^2$，すべり量が20 mと見積られる．

噴火については，地震のマグニチュードほど広く使われる規模の表現方法が知られていない．最もよく使われるのは，噴出物の総量や噴煙の高さから決められる火山爆発指数（VEI）という量である．ところが，火山爆発指数は整数値だけを取るので，噴火がかなり大きくならないと規模の違いが分離できない．そこで，噴火の規模も(1.1)式を用いてエネルギーから定義するのがよいと思える．

1.3　地殻変動と津波

地震が起こると，断層面で生じたすべりのために，断層周辺の広い範囲で地殻が変形する．これを地殻変動と呼ぶ．地殻変動の影響は地殻の表面にも及び，特に海底の変動は津波の原因となる．東北地方太平洋沖地震で生じた地殻変動と津波について，それを解釈するための基礎知識を復習しながら考察しよう．

a. 地殻変動

　地震によって断層で起きたすべりは，最終的には断層面をはさんだ永久的なずれ（変位差）を残す．そのために，断層の周囲には地震前と比べて変位（位置の変化）や歪（膨張，収縮，横ずれ）が生ずる．これが地殻変動である．地殻変動は原因を地震に限らずに歪の変化を一般的にさす語である．地震の前後では不連続な変化が見られるが，日常的にも連続的な地殻変動が観測される．

　東北地方太平洋沖地震では，東北地方やその周辺で大きな地殻変動が観測された[10][2]．陸上では牡鹿半島の観測点で変位が一番大きく，地表の位置が5.3 mも東に移動し，地面が1.2 mも沈降した（図1.5）．

　断層が南北に大きな広がりを見せたために，岩手県の北部や福島県の南部でも水平方向に2 m前後，鉛直下向きに50 cm前後の変位が観測された．これに対応して，太平洋側では海岸線の位置もかなり移動したはずである．変動は断層から離れると減少して，日本海の海岸付近では水平変位は1 m以下になり，鉛直変位は誤差の範囲で認められなくなった．

　図1.6は，簡単なモデルを用いて東北地方太平洋沖地震による地殻変動を計算した結果である．地殻は平らな水平面で区切られた一様な弾性体で表現できるとして，地表の水平変位と鉛直変位を理論式[11]を用いて計算した．

　この計算で，断層は東西（東南東－西北西）240 km，南北（南南西－北北東）630 kmの長方形で近似した．断層は

東端が 5 km の深さにあり，10°の傾斜角で西側に下がっていき，断層面上では上面が東向きに 10 m の一様なすべりを起こしたとした（図 1.6 下）．上の 2 図は，断層の中心を東西に横切る断面で，地表の各点がどう動くかを示す．距離や水平変位は東方向を，鉛直変位は上向きを正とする．

計算結果の水平変位を見ると，地表の各点は，東方向（距離が大きくなる側）に動いている．これは，断層上面の

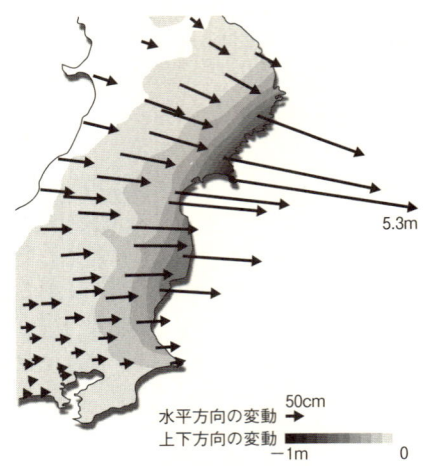

図 1.5 東北地方太平洋沖地震（2011 年 3 月 11 日）によって陸上に生じた地殻変動．水平方向の移動を矢印（ベクトル）で，鉛直方向の変動を濃淡で示す．国土地理院の計測に基づく．[Newton 別冊, M9 超巨大地震, ニュートンプレス, 2011 より][データは国土地理院：GPS 連続観測から得られた電子基準点の地殻変動：http://www.gsi.go.jp/chibankanshi/chikakukansi40005.html]

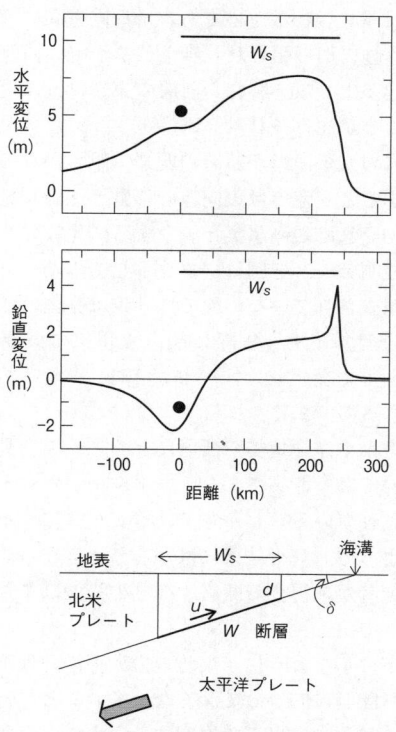

図1.6 東北地方太平洋沖地震（2011年3月11日）による地殻変動のモデル計算．距離と水平変位は東方向を正，鉛直変位は上向きを正とする．距離0は断層の西端に対応するが，おおよそ東北地方の海岸線の位置にある．●は牡鹿半島で得られた観測データである．下の図に，断層の配置をプレート境界と対比させて示す．計算に用いた定数は，$u = 10$ m, $d = 5$ km, $\delta = 10°$.

すべりに引きずられるためである．垂直方向には，この水平方向の移動に引っ張られ，押される形で，西側で沈降，東側で隆起が生じる．特に，断層の東端付近に鋭い隆起が現われることが注目される．

東北地方の太平洋岸が断層の西端（距離が0の点）付近にあるとすると，陸では東向きの移動と沈降が見られることになり，それは観測事実と一致する．比較のために，牡鹿半島の観測データを図にプロットしてみた．計算に用いた定数は精査されていないので，一致は完全ではないが，この簡単な計算でも，実際に起きた現象の概要が理解でき，断層面上で発生したすべりが10m程度であったことが推測できるのである．

東北地方太平洋沖地震で断層にどのような変動が起きたのかについては，さまざまなデータを用いたもっと詳細な解析がなされている．しかし，使うデータによって，また研究者によって，解析結果にはかなり大きな差がある．すべての研究者が納得する断層すべりの描像はまだ得られていないようである．

図1.6下に示すように，東北地方太平洋沖地震の断層面は海側から陸側に向かって深くなっていると想定される．この断層の位置は，以下で説明するように，海側と陸側のプレートの境界に対応する（図2.9）．海側（下側）のプレートに太平洋プレート，陸側（上側）のプレートに北米プレートと名前が付けられていることから推測できるように，プレートは一般に地球規模の大きさをもつ．

b. プレート間地震

　固体地球の内部は 2,900 km の深さまで岩石でできており，この部分をマントルと呼ぶ（図 2.4）．そこは地表付近を除いて 1,000〜5,000℃ もの高温状態にあり，そのために柔らかく，ゆっくり流動することができる．深さによる温度差も大きいので，マントル全体は対流（マントル対流）を起こしている．

　対流の一環として地表付近も運動を強いられるが，そこは低温であるために，ほとんど流動せずに形状を保持するような水平移動が生じる．このような水平運動をする地表付近の層がプレートである（2.2 節 b）．プレートは通常深さ方向に数十 km の厚さをもつが，厚さが数 km 以内の薄い場所（海嶺付近）や 100 km を超える厚い場所（古い大陸）もある．

　プレートは内部でほとんど変形しないために，プレートの境界では，ふたつのプレートが全体として運動速度の差を保ってすれ違うことになる．実際には，ふたつのプレートは通常は一緒に動き，あるときに急にすべって速度差をいっきに解消する．このすべりに対応して引き起こされるのがプレート間地震（プレート境界地震）である．プレート間地震にはプレート境界の種類によって3種類あるが，東北地方太平洋沖地震はその中の海溝型プレート間地震に分類される．

　東北日本の沖合では，日本海溝の付近で，太平洋プレートが北米プレートと 1 年間に約 8 cm の速度差で地下に沈

み込む．そのとき，北米プレートに力を及ぼして地球内部に引き込もうとする（図1.6下）．その力に岩石の強度が耐えられなくなったときに，突然プレート間で断層が動いてすべりが発生し，引き込まれかけた北米プレートが一気に元の位置にはね戻る．東北日本太平洋沖地震はこのようにして起きたと理解される．

　プレート運動を総括的に記述するプレートテクトニクス理論は1960年代末に確立され，固体地球科学のさまざまな分野で理解の枠組みを形作った（2.2節b）．海溝型のプレート間地震については，断層がプレート境界に沿うこと，地震の原因がプレート間の相対運動にあることがこの理論によって明らかにされた．

　実用的には，断層の深さがプレート境界の位置で制約されることが重要である．地震観測点が主に陸上にあるために，震源の深さの決定精度が悪く，余震の分布から正確な断層の深さが決められないからである．一方で，プレート境界の位置は，海洋観測船を用いた地震探査などの独立な方法によって正確に把握されている．

　なお，図1.3では，余震の一部が日本海溝（点線）の東側にある．これは，観測点が陸上に偏っているために生ずる震源決定の誤差を反映するものかもしれない．あるいは，震源の位置は正しく，本震の断層とはずれた場所で実際に余震が起きているのかもしれない．どちらの可能性も現時点では否定できない．

　マグニチュードが8を超えるような巨大地震は，世界中

でもそれほど頻繁に起こるわけではないが,ほとんどが海溝型のプレート間地震であることが知られている.海溝付近で起こる地震には,プレート間地震の他に,内陸地震,深発地震,海溝の海側の地震などもあるが,それらの規模は一般にもっと小さい(2.2節c).

c. 津波

地震による地殻変動で海底が上下に動くと,その直上で海水も一緒に上下して,海面の位置を変化させる.そのために,海水には重力的な不安定が生じて,それを解消するような海水の運動が始まる.例えば,上昇した海面の真下では,海水は横に動いて海面を下げ,その代わりに隣接する海面を持ち上げようとする.このようにして海面の上下運動は波となって周辺に伝播する.これが津波である.

津波を生む海底の変動は横方向に大きな広がり(波長)をもち,それは一般に海の深さよりずっと大きいので,津波の伝播は水面波の長波長近似(水面に生ずる波の波長が水の深さよりずっと長いと仮定する近似)の理論式を用いて計算できる.その解析によると,津波が伝わる速度は重力加速度(9.8 m/s^2)と海底の深さの積の平方根に等しい.

海の平均的な深さ4 kmをこの式に代入すると,津波の伝播速度は200 m/s(時速700 km)にも達する.津波は海洋をジェット機にも匹敵する速度で広がるのである.なお,この速度は海面の変動が伝わる速度であって,海水自身が流れる速度はそれよりずっと小さいことに注意してほ

しい.

1次元の簡単なモデルを用いて,津波がどう伝わるかを図1.7に示す.この図では,海の深さのモデル(下)に対応して,時刻 $t=0$ で $x=0$ に生じた海面の高まり ζ が,時間とともに両側にどう伝わっていくかを追跡する(上).海面の高まりは,各時刻の分布を同じ図に重ね合わせて時刻の値と一緒に示す.

この図に示すように,初期に生じた海面の高まりは,2つに分かれて津波として両側に伝わる.海底の深さが一定の場所では,津波の波形は変わらず,速度も一定である.モデルでは図の左端は崖になっており,左側に伝わる津波

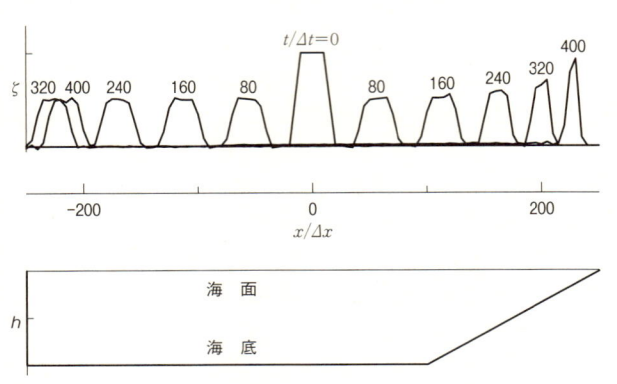

図1.7 1次元の津波伝播の計算例.時刻 $t=0$ に生じた海面の変化が,海の深さ分布(下)に対応してどう広がるか(上)を示す.水平距離の単位 Δx が決まると,時間の単位 Δt は津波の伝播速度から定まる.

は，そこで反射して戻ってくる．

右側に伝わる津波は，陸に近づくにつれて，海底が浅くなることを感じる．津波が伝わる速度は遅くなり，高さ（波高）は高まる．津波が高くなるのは，前面では移動が遅れるのに，背後は速い速度で迫ってくるので，波が詰まって間に海水がたまり，それが海面を押し上げるためである．

図1.7では，海面の高まりζは初期の高まりを単位にして表示する．水平距離xの単位Δxは任意に選べるが，それを決めると，時間の単位Δtは津波の伝播速度から定まる．例えば，Δxを1 km，海の深さhを4 kmとすると，Δtは3.5 sになり，津波が右側の陸に達するのにかかる時間は約1,400秒（24分）になる．

この簡単な計算からも津波の重要な性質を読み取ることができる．まず，津波は海岸に近づくにつれて速度が遅くなり，波高が高まる．次に，津波は海岸で反射して戻ってくる．

実際には津波は海面を全方向に2次元的に広がるので，別な効果も表われる．海底の深さに分布があると，伝播速度に差が生ずるために，水中に斜めに入射する光のように，津波の伝わる方向が曲げられる．特に海底の浅い領域には，凸レンズが光を集めるように，津波が集まる傾向がある．

津波は陸に出会うと反射する．そのために，震源から直接到達する津波が去った後も，あちこちで反射した波が遅

れて到達して，津波は長時間にわたって海岸の水位に影響し続ける．津波が湾に入ると，あちこちで反射した波が重なり合い，陸上には増幅されて伝わることがある．

断層が海底付近に達するような大規模な地震が発生すると，海底に大きな上下変動が生じて高い津波が誘発される．津波の高さは，海底の深さの分布，海岸付近で海が浅くなる効果，あちこちの海岸で反射する効果などによって増幅されたり減衰したりする．これらの効果によって，陸上に遡上する津波の高さは場所によって多様に変化する．

東北地方太平洋沖地震では，震源域に近い宮城県や岩手県の海岸に到達した津波は，波高が高すぎてほとんどの検潮儀で測定可能な範囲を超えてしまった．そのために，これらの最も重要な観測点で，波高の時間変化や最大値が計測できなかった．

事後の現地調査では，建物や樹木などに残された痕跡から，津波の高さの最大値が見積られた．それによると，津波の高さは大船渡（岩手県）で40.0m，釜石（岩手県）で33.2m，相馬（福島県）で21.6mに達していた[1]．遠隔地で得られたデータも含めて，津波の高さと到達時間の分布を図1.8に示す[3]．この図によると，津波の到達には地震発生から30分以上が経過している．これは津波の高さが最大になった時間であろう．

地震による海底の隆起は，図1.6に見るように断層面上の広い範囲に生じたと考えられる．断層の西端は海岸付近まで達していたはずだから，津波による最初の海面の高ま

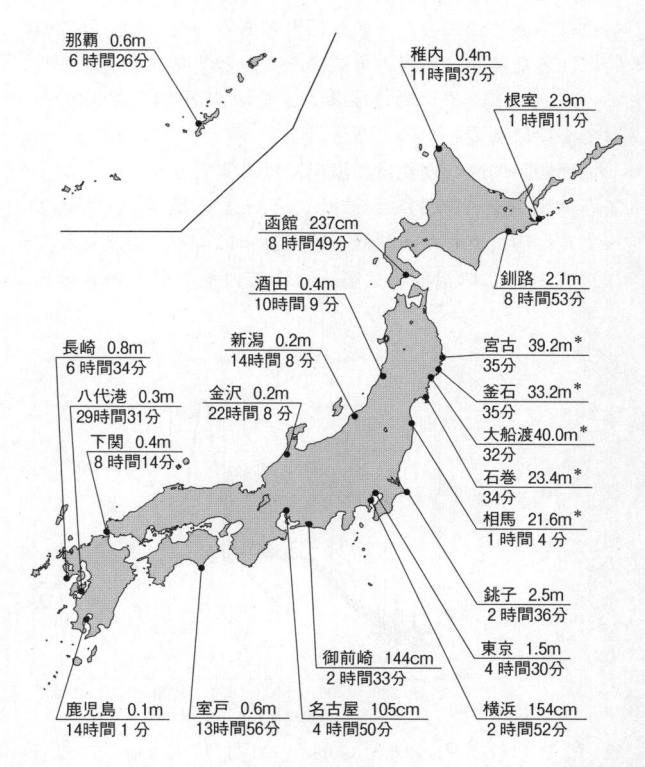

図1.8 東北地方太平洋沖地震（2011年3月11日）によって生じた津波の高さと到着時間の実測．＊印をつけたデータは事後の調査による．[NHKサイエンスZERO取材班・古村孝志・伊藤喜宏・辻健編著：東日本大震災を解き明かす，NHK出版，2011を改訂]

りはかなり早い時期に現われたはずで，実際に地震の数分後には津波が到来したという報告がある．ただし，海底の特に顕著な隆起は断層の東端にあったと予測されるから，この隆起のピークに対応する大きな津波が 30 分余りをかけて海岸に到達したのだろう．

海面の時間的な変化は，海岸では計測できなかったが，釜石沖 80 km（TM1）と 50 km（TM2）の地点で，海底ケーブルに設置された津波計（圧力計）によって捉えられた（図 1.9）[3]．この計測によると，津波は地震発生の 8 分後

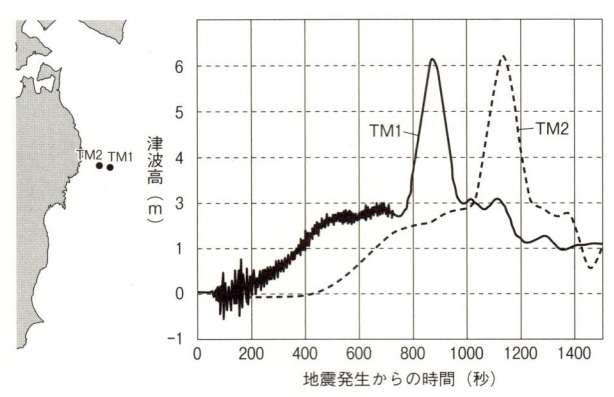

図 1.9　東北地方太平洋沖地震（2011 年 3 月 11 日）に対応して，釜石沖 50 km と 80 km の海底の地点 TM1 と TM2 で，海底ケーブルに設置された圧力計によって計測された津波の高さの時間変化．[NHK サイエンス ZERO 取材班・古村孝志・伊藤喜宏・辻健編著：東日本大震災を解き明かす，NHK 出版，2011 より]

と10分後に3mの高さに達し，14分後と19分後に高さが6mのピークをもった．ピークの高さが釜石などでの見積りより低いのは，津波がさらに陸に近づいて増幅されたためであろう．

津波が発生源から両側に分かれて伝わることを考えると（図1.7），釜石沖で観測された津波の高さは，図1.6で計算された海底の隆起のピークより数倍大きいことになる．この差はおそらく有意で，断層の西側で海底の実際の隆起は計算より数倍大きかったものと思われる．差の原因は，断層東端の深さのせいにも，すべりの大きさのせいにもすることができる．

d. 地震の波及効果

東北地方太平洋沖地震は規模が極めて大きかったので，その影響は広い範囲に及んだ．地殻変動によって東北地方の太平洋側で地面が大きく動いたことは既に述べた（図1.5）．人間生活に特に大きな影響を及ぼしたのは，海岸の近くが1m前後も沈降したことであり，それは港を含む海岸周辺の復興の妨げとなっている．

東北地方太平洋沖地震による応力の大きな変化によって，余震以外にも広域に地震が誘発された[12]．半日余りが経過した3月12日未明には，長野県北部を震源とするM6.7の地震が発生し，最大深度6強の揺れが村落を襲った．また，3月15日には富士山の南山腹でM6.4の地震が発生した．これらの地震の震源は図1.3にも含まれてい

る．

　このような地震の誘発がなぜ起こるのか，その原理は次のように理解できる．ある断層で地震が発生する準備がほぼ整っていたとしよう．そこに今回のように顕著な応力の変化がもたらされたとき，その応力変化が地震の発生に有利に働く場合には，準備がいっきに進んで地震の発生に至ることもあるだろう（2.7節d参照）．期待される応力変化の傾向から見ると，長野県と富士山で誘発された地震はこの条件を満たしているようである．

　一般的に言えば，大規模な地震が起こると，その断層の延長上では地震を誘発するような応力変化が生じやすい．東北地方太平洋沖地震の後で，その南側の海域などで地震が多発したのは，この効果によると理解できる．この地震活動の活発化が大規模な地震の発生につながるのかどうかは，今後注意深く見守る必要がある．

　もうひとつ注目されるのは，東北地方太平洋沖地震の発生から10日ほどの間に，秋田焼山，岩手山，秋田駒ヶ岳，日光白根山，焼岳，乗鞍岳，箱根山，伊豆大島などで火山性地震の活動が高まったことである．ただし，いずれの火山でも，火山性地震の活発化は噴火には結びつかなかった．火山の地下は地殻の強度が相対的に弱いので，そこに応力が集中して，小さな地震の群発を招いたものと解釈できる．火山は応力の変化に敏感な場所なのである．

1.4 予知のすれ違い

東北地方太平洋沖地震に対して事前にどのような予知がなされたのだろうか．以下に中長期的な予知，短期的あるいは直前の予知，地震発生後の津波の予測に分けて検証する．

a. 中長期的な予知

今回の東北地方太平洋沖地震について，まず中長期的な予知の背景となる事実を整理しよう．

図 1.10 は，1990 年初めから 2000 年終わりまでの期間に日本周辺で起きた地震の震源分布である[1]．日本海溝沿いには地震が頻発しており，10 年程度の時間が経てば，帯状の領域が震源で埋め尽くされてしまうことがわかる．太平洋プレートと陸側のプレートの間には定常的に速度差が維持されているので，それを解消するように地震が始終あちこちで起こるのである．

この期間にはあまり大きな地震は起こらなかったが，それでも海溝沿いは地震で覆われる．だが，この多数の地震でエネルギーが解放され尽くすかといえば，そうは言えない．一般に，マグニチュードが 1 下がると，地震の頻度はほぼ 10 倍に増える（3.2 節 a 参照）．しかし，個々の地震が解放するエネルギーは (1.1) 式から 30 分の 1 に下がるので，小さな地震の寄与を集めても，大きな地震が解放するエネルギーには匹敵しない．

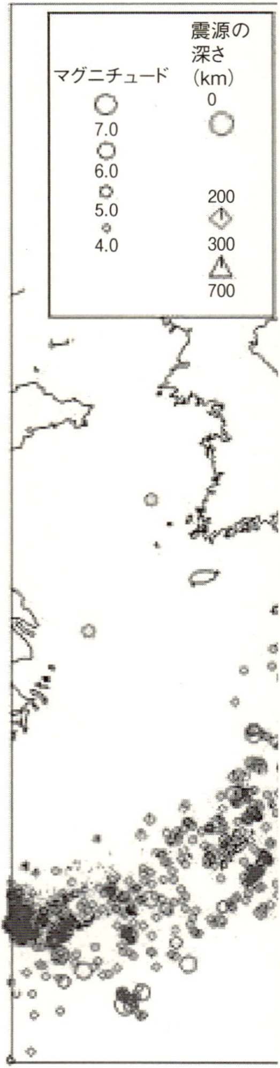

図1.10 1990年1月1日から2000年12月31日までの間に日本とその周辺で発生した地震の震源分布．地震のマグニチュードは記号の大きさで，震源の深さは記号の種類で区別する．[気象庁：http://www.jma.go.jp/jma/ より]

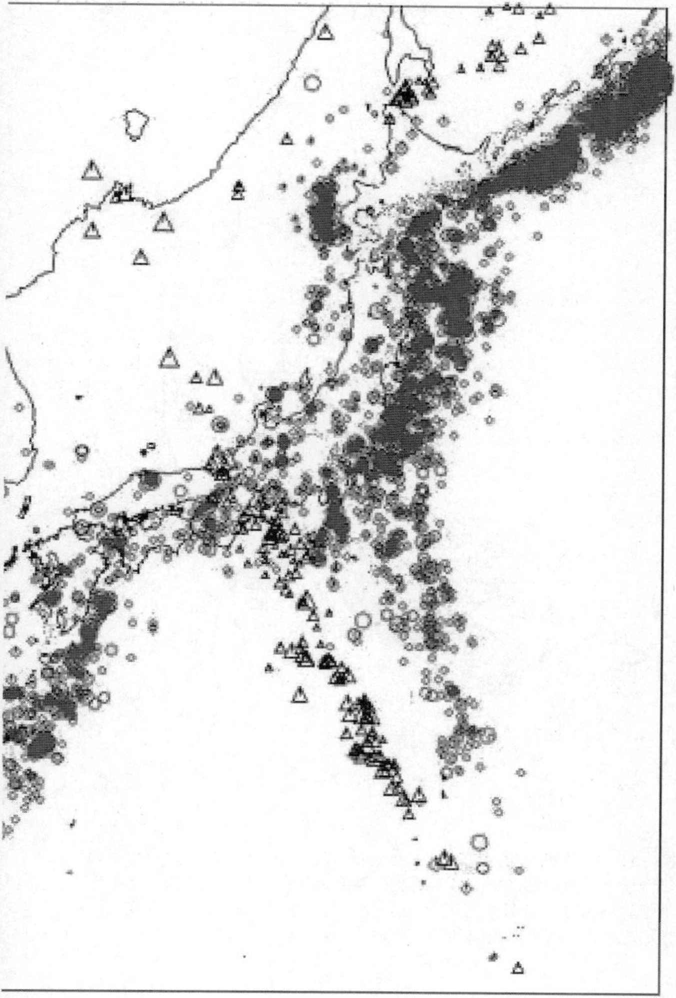

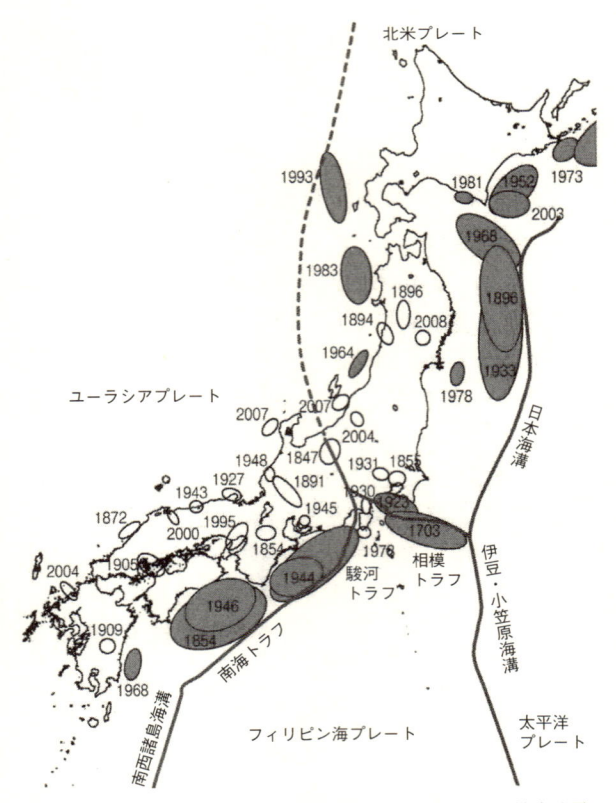

図1.11 19世紀後半以降に日本とその周辺で発生した主な被害地震の震源域．震源域に影をつけた地震は津波を起こした．東北地方太平洋沖地震（2011年3月11日）が発生する前の状況である．［都司嘉宣：地震のメカニズム，永岡書店，2009より］

災害を起こすような大きな地震はもっと稀にしか発生しないので，その分布を見るにはもっと長期間にわたる観察が必要である．図1.11には，過去150年余りの間に日本に災害を起こした地震の震源域を示す[13]．この図は東北地方太平洋沖地震が発生する前の状況である．

　この図を見ると，大きな地震も海溝沿いを帯状に覆うように起こっている．だが，まだ地震で埋められていない地域もある．この地震の「空白域」は，近い将来の地震で震源域となる可能性の高い場所である．明らかに宮城県や福島県の沖合を中心に広い空白域があり，そこで大きな地震の発生が予測される．

　地震予知の関係者の間では，宮城県沖の大地震は40年程度の間隔で起こると理解されていた[3]．過去100年間程度を振り返ると，1933年3月に岩手県沖で昭和三陸地震（M8.1）が発生した後に，6月に宮城県沖に地震（M7.1）が起きた．多少遅れて1936年（M7.2），1937年（M7.1）に隣接して地震が続き，しばらく休止してから1978年にこれら3つの震源域を覆うような大きめの地震（M7.5）が発生した．

　このことから判断すれば，そろそろ同様な規模の地震が起きてもおかしくなかろう．政府の地震調査研究推進本部は，発生間隔が40年であるとする解釈を基礎にして，宮城県沖地震（M7.5程度）かそれに三陸沖南部海溝寄りの領域を含めた地震（M8.0程度）が，30年以内に99％の確率で起こると予測した[7]．この意味では中長期的な予知はほ

ぼ成功したともいえる.

しかし,実際に起きたのはマグニチュードが7.5から8程度の宮城県沖地震ではなく,M9.0の東北地方太平洋沖地震だった.地震の震源域は想定された宮城県沖の断層よりずっと大きく,三陸沖中部,福島県沖,茨城県沖の断層が一緒に連動してすべった(図1.3).このような広範囲にわたる「連動」についてはまったく予測されておらず,それが津波の影響を過小評価する原因になった.

予測の元になった地震発生履歴の理解は,今から見れば単純すぎると評価されよう.宮城県沖や三陸沖の地震活動は,過去100年の活動だけを見ても,まったく同じことが周期的に繰り返されていたわけではない.さらに過去にさかのぼれば40年の周期ではもっと割り切れず,特に西暦869年には,今回と類似な津波を起こした貞観地震が発生していた[14].

今回の予知で最大の問題点は,この大規模な「連動」の可能性をまったく予測できなかったことである.地震活動の時間的な不規則性や隣接する三陸地震との空間的な関連についてもう少し慎重に考慮すれば,連動の可能性は排除できなかったはずで,その警戒を呼びかけることも十分に可能だったと思われる.

反省すべき課題は2つある.ひとつは地震の発生に関する科学的な理解が予知の基盤として脆弱なことである.今回の失敗の原因は,地震の発生を単純な周期性で無理に割り切ろうとしたことにある.だが,それに代わる理解の枠

組みは確立されていない．大げさに言えば，失敗は地震学の敗北だった．

もうひとつは地震予知を担当する組織の問題である．10年以上前から知られていた貞観地震について，今回の予知でほとんど考慮されなかったのは，地震予知のための情報収集や意見交換が不十分であり，地震予知の検討に使われる時間も不足していたことを露呈した．

これらの問題点については，今後の予知を進める重要課題と捉えて，本書でもさらに議論を進めたい．

b. 直前の予知

地震が間近に迫ったときに，発生の時期を含めて直前にそれを予測することを短期的な予知，あるいは直前予知と呼ぶ（2.1節c）．これについては，事前に特別な警告がなされなかったのは周知の事実だが，事後に指摘されたのは2日前から「前震」が発生していた事実である．

3月11日の本震の震源とほとんど同じ場所で，3月9日11時45分にM7.3の地震が，また翌10日6時24分にM6.8の地震が余震をともなって発生した[2]．後から振り返れば，これらは11日の本震を準備する過程を反映し，本震の前触れとなる前震であった．

本震の発生前にこれらの地震が前震であることがもし認識されていれば，それを手がかりに東北地方太平洋沖地震の接近を直前に予知することができたはずである．前震は1995年の兵庫県南部地震（2.7節a）などでも観測された

し，外国にはそれを用いて予知に成功した事例もある（2.5節 b）．しかし，前震などの前兆現象（2.3節 b）の活用は現実にはそう簡単ではない．

規模の大きな地震の後にはほぼ確実に余震が起こるのに対して，その前に前震が明確な形で観測されることはむしろ少ない．そのためもあって，前震を他の地震と区別する特徴は知られていない．これらの地震を今回前震と解釈できたのは，その後に本震が続いたからである．このような地震を事前に前震と判断できるのは，現在の地震学のレベルでは幸運な場合に限られる．

しかし，自然が大地震の前兆と見られる情報を事前に発信してきたことは忘れてはならない．それを受け取って有効に活用できなかったのは人間の側の非力さによる．それを素直に反省することで，直前予知の可能性を将来につなげることができよう．

c. 津波の予測

最後に地震開始後の予知について考えよう．これに関してはＰ波検出後に素早く発信される緊急地震速報（2.7節 b）があるが，今回問題にすべきなのは津波に関する情報発信であろう．

東北地方太平洋沖地震についても，津波の発生に関する警告は地震発生直後から各種の伝達手段で繰り返し流されており，予知は機能したといえる．しかし，津波の規模と広がりの予測については反省すべき問題が多い．

津波の規模, 到達時間は断層の大きさとすべり量に依存し, それは地震のマグニチュードの見積りに関係する. 今回の地震では, 地震発生直後にマグニチュードが 7.9 と算出され, それに基づいて津波の高さも過小評価された. その後, 津波の予測は実情に合わせて何度か修正された. マグニチュードについては地震発生の 1 時間後には M8.8 と修正されたが, 津波のピークはその 30 分前後前に東北地方の海岸に到達ずみであった.

 地震の規模が当初過小評価された理由のひとつは, この地震を想定された宮城県沖の地震と理解していたこともあったようで, 中長期予測がここにも影響したことは注意すべきである. 長周期の地震波の観測が規模の算出に使われなかったこと (1.2 節 b 参照) も重要で, この点は気象庁松代地震観測室のデータが使われればもっと早期に回避できたことである[15].

 現在, 気象庁では津波の予測を次のような方法で行なっている. あらかじめ過去に起きた事例の中から典型的な地震のケースを選んで, それについて津波の到達時間や高さを計算し, 10 万通りものケースを準備しておく. 実際に地震が起こると, 現実の地震に最も近いケースが検索され, その情報に基づいて津波の予報を出す.

 しかし, この方法には大きな問題がある. まず, 現実の地震は過去の地震とまったく同じには起こらないから, 津波の予測には最初からその誤差が入り込む. また, 地震発生後に地震や津波に関する情報が刻々と集まって, 断層や

すべりに関する見積りの精度が上がっても，それを津波予報の改善に有効に活用することがむずかしい．

　今回の場合についていえば，東北地方太平洋沖地震に対応するケースが事前に準備されていたとは思えないから，予測は最初から大きな誤差をもち，手探り状態で進められたものと想像される．地震のマグニチュードが早くから正しく見積られたとしても，その情報を津波予測に適切に生かせる体制にはなっていなかっただろう．

　津波予報に気象庁がこのような方法を採用するのは，コンピュータによる津波計算に時間がかかり過ぎ，すみやかな予報の発信に間に合わないからである．しかし，津波の予測は現実に即した断層運動に対する計算に基づくのが本来の姿であるから，そのために計算方法や計算技術の検討を進めることは急務であろう．大きな地震の性質を迅速に把握する方法も含め，予測体制の早期の改善が望まれる．

　ただし，津波の予測には，地震の規模の見積りや波の伝播計算以外にもむずかしい問題があることは指摘しておくべきだろう．陸へ接近し遡上する過程で津波が大きな増幅を受ける可能性については既に述べたが，津波の予測は発生過程でもデリケートな問題をかかえている．

　まず，津波は断層のなかでも海底に近い部分のすべりを強く反映するが，地震波には断層全体が波源となる．また，地震はすべりの短周期の成分を強く反映するが，津波はすべりの最終的な大きさなどの長周期成分に支配される．そのために，津波発生源の情報は地震観測からは必ず

しも正確に制約できない.

　地震と津波を支配するすべりの周期の違いを端的に反映する現象として「津波地震」の存在が知られている[16]. 例えば, 明治三陸地震（1896年, 震源域は図1.11参照）では最高で40 m近くの津波が記録されて22,000人もの死者が出たのに, それに先立つ地震動は小さく, 震度はほとんどの場所で3以下であり, 最大でも4だった[6].

　この地震については, 表面波から決めたマグニチュードは7.2程度だったが, エネルギーから評価するとM8.5程度の地震だったと考えられている. このような津波地震では, 断層面上のすべりは地震波をほとんど出さないほどゆっくりと, しかし津波を出すには十分に早い速度で進行したものと想像される.

　この問題に対処しうる技術として, 最近数十年間に長周期地震観測と海底地震観測がめざましい進歩をとげた. 海底津波計が津波の極めて有用な観測手段であることも明瞭に示された（図1.9）. 今回の大災害が主に津波で起きたことを考えれば, これらの技術を津波予報に活用することは緊急の課題といえよう.

1.5　防災対応の問題点

　防災に関して東日本大震災が提起したのは, 通常想定しないような大災害にどう対応するべきかという問題である. 予知は防災と緊密にからみあっているので, この問題

についても考察を加えよう.

a. 何を想定しどう対処するか

　不幸なことに，東北地方太平洋沖地震がきっかけとなって，東京電力福島第一原子力発電所で炉心が制御不能な状態に陥り，水蒸気爆発などによって多量の放射能漏れを起こしてしまった．放射能汚染の完全な終息には数年以上の長い年月が必要とされるという．この事故は国内ばかりでなく世界中に強い警戒心を呼び起こし，今後のエネルギー問題にも大きな影を落としている．

　この事故について，米国で原子力発電事業に従事するある日本人技術者が発言した内容が印象に残った．彼によれば，大規模地震への対応を1000年に一度の稀な出来事だからという理由で怠ったのは信じられないことである．米国だったら，たとえ100万年に一度の出来事であろうと，何とか対応しようと努力するという．原子力発電所のような重大事故を起こす可能性のある施設は，最悪の事態に備えるのが当然だと指摘するのだ．

　彼の指摘にはまったく同感である．これについては原子力の安全神話がどうやって作られたかも含めて詳細な検証が求められる．しかし，防災対応が必要な分野にはそれぞれ固有の問題があるので，対応の仕方を同列に議論するわけにはいかないだろう．

　岩手県宮古市田老地域は過去に2度の三陸地震で津波による大きな被害を受けた．その教訓から，長い年月と費用

をかけて高さ10mもの高い堤防を海岸沿いに築いて，津波に万全の備えをしたはずだった[3]．しかし，今回の津波はそれを乗り越えて陸に押し寄せ，堤防の一部を破壊した．

この堤防作りは，今から見れば想定が甘かったと判断できよう．もし堤防を再構築するとしたら，最悪の事態に備えるには堤防の構造や高さはどうすればよいのだろうか．それは費用と年月をかけるのに値する事業なのだろうか．

東北地方では，太平洋に沿う広い地域で町村の立て直しが始まっている．その際に，居住地を高台に限るという考えもあるようだ．その考えを採用するとして，最悪の事態に備えるにはどの程度の高台だったら居住が許されるのだろうか．

場所によっては，高台に居住するのがむずかしい地域もあるだろう．たとえそれが可能でも，今後は一生遭遇しないかもしれない津波のために，毎日不便をするのが得策かという問題が生じよう．能率の悪い町村の構築は，産業の点で他の競争相手に太刀打ちできず，経済的に立ち行かないという問題にもぶつかる可能性がある．

いずれの場合にも，防災対応には性質の異なる二つの問題の検討が必要になる．ひとつは最悪の事態として何を想定するべきかという問題で，主に学術的な災害要因の評価によって回答が出される．もうひとつは，最悪の事態に備えて個々の課題にどう取り組むかという問題で，その回答は災害対応に必要な経費，将来の産業活動などへの影響，

住民の生活の快適さなども考慮して出される.

　この二つの問題はまったく独立であるとは言えず,課題によって最悪の事態の想定も変える必要が生じるかもしれない.しかし,ここではふたつを独立な問題として扱うことにする.

b. 最悪の事態の見積り

　問題を単純化して,最悪の事態は最大の地震に対応すると理解しよう.あらゆる可能性を排除しなければ,想定し得る最大の地震は地球全体を割るような超大規模な地震である.しかし,このような巨大地震がもし発生したら,それはおそらく人類の滅亡につながるだろうから,その対応を考えることは実際には意味がない.

　もっと現実的に,東北地方太平洋沖地震と類似のプレート間地震について,その最大規模を考えてみよう.それはこの地震より大規模になるにしても,大きさは無制限ではなく,合理的な制限がつけられる.断層の規模についてそれを考えてみよう.

　まず,プレート間地震の制約から,断層の東端は日本海溝より東側にはなりえない.また,プレート境界は西側で高温のマントルウェッジ(2.2節c)に接するので,そこに近づくと破壊が起こらなくなる.したがって,断層の幅は最大限2倍程度にしか広げられない.南北には日本海溝がカスプ状に折れ曲がる襟裳岬沖と銚子沖で断層の範囲が限定されるだろう.そこで,南北の広がりはやはり2倍程度

が限界である．

　結局，最悪の事態を想定しても，地震断層の面積は東北地方太平洋沖地震の4倍程度にしかならない．そのことからマグニチュードは9.5程度と推定される（図1.4）．これははからずも世界で今までに知られている最大規模の地震，すなわちチリ地震（1960年）と同程度である．

　ここで強調したいのは，最大規模の地震は科学的な根拠のもとに想定でき，それは荒唐無稽なものにはならないということである．想定はもっと緻密になされるべきであろうが，その想定に基づいて地震動や津波の大きさを見積り，各地域で想定される最悪のシナリオを準備することは可能なのである．

　最悪のシナリオを見積る上では，さまざまな情報と最新の知見を広く集め，多数のシミュレーションを実行することが必要になろう．それは時間と労力を要する事業になるだろうが，確実に実行でき，間違いなく防災に役立つ．

　近い将来起こると想定される南海トラフ沿いのプレート間地震（2.8節a）については，類似な検討が既にかなり進められている．だが，最大地震の推定の根拠やすべりのモデルに関する検討結果が必ずしも十分に議論され，検討内容が十分に開示されていないように感じられる．

c. 賢い選択の方法

　防災対応のもうひとつの問題は，最悪の事態に備えて個々の課題にどう対処するかである．対処に柔軟性をもた

せるためには，最悪の事態だけでなく，どのような状況がどのような頻度で起こりうるかが示されるともっとよい．

この情報を受けて防災の専門家がまずなすべきことは，想定される災害の性質，深刻さ，影響の大きさ，対応のしやすさをまとめて，課題ごとに複数の選択肢を示すことであろう．選択肢にはそれぞれのメリット，デメリットに加えて，必要な経費の見積りも盛り込まれることが望まれる．選択肢の中からさまざまな条件を考慮して最良の方法を選ぶのは，行政や住民の仕事である．

これからも原子力発電所を維持するというのなら，最悪の事態に備えるためにどのような費用や労力も惜しむべきではない．町村の立て直しの方策については，地域の事情によって異なる選択が取られてもよいだろう．その際に重要なのは，選択の基礎になる情報がわかりやすく提供され，誰もが見える形で十分な議論がなされて，最終的な選択の合意に至ることである．

今回のような大規模な災害から復旧するには，必要な情報や選択の方針が体系的に整理されて明示され，それに沿って選択や実行がなされることが望まれる．それは社会全体が賢い防災の方法を身につけることにつながる．それができたら，今回の辛い経験から有益な教訓が得られたと言えるのではなかろうか．

2 章　予知の方法と歩み

　地震や噴火の予知に向けて今まで何がなされ，現状はどうなっているのだろうか．歴史的な経緯も振り返りながらそれを概観し，予知に関連する基礎知識や基礎事実を整理しよう．

2.1　何を予知するか

　地震や噴火を予知するとはどういうことなのだろうか．まず基本に戻って改めてそれを考え，予知に関していろいろな角度から検討するための基礎を固めておこう．

a. 予知の要素

　地震や噴火を予知するとは何をすることなのか，簡単な例に沿って考えてみよう．例として「近いうちに首都圏を大きな地震が襲うだろう」という予測を取り上げる．こう予測したら，地震を予知したことになるのだろうか．

　地震予知に厳しい見方をする人は，すぐに反論するだろう．地震は日本中で頻繁に起きているから，「近いうちに」とか「大きな地震」とかいう語を明確にしない限り，この予測は予知情報としてほとんど意味をなさないと．極端な

ことを言えば,「人間はいずれ死ぬだろう」というのと同じ程度の情報価値しかないと.

地震予知について書かれている書物[8]によると,予知には時間,場所,規模の3要素が必要である.この3要素を欠くものは予知とはいえないという.3要素の中では,特に時間の予知がむずかしいとされる.

噴火予知の場合は,この3要素にさらに様式と推移が加わる.噴火には溶岩を流し出す噴火,噴石を飛ばす噴火,噴煙を上げて火山灰を降らす噴火などがあり,その間では防災対応にも差が出るので,それらを噴火の様式として区別する.また,噴火が開始した後もそれがどう展開していつ終息するかが問題になるから,推移という要素も必要になる.

地震予知でも様式や推移の要素が必要ないわけではない.様式については,地震の揺れはあまり大きくないが顕著な地殻変動をともなうような津波地震なのかどうかは重要である.推移については,余震がどのようにいつまで続くかという問題がある.また,津波が発生するかどうか,発生する場合にいつどのくらいの高さで到達するかを予測するのも極めて重要な問題である.様式も推移も通常は地震予知の要素とみなされないが,防災上の利点を考えれば要素に加えておかしくない.

さて,「近いうちに首都圏を大きな地震が襲うだろう」という予測に戻ろう.この予測は時間,場所,規模の要素を一応すべて備えている.とはいえ,情報の曖昧さは否定で

きない．「近いうちに」は「1年以内に」などで置き換えたいところだし，もし「2日後に」などと言えたら予測はすごい迫力をもつ．

場所については「首都圏」という言葉でかなり絞られる．しかし，じつは「地震」という語をどう解釈するかで予測の意味が違ってくる．地震という語は，一般には地面の揺れをさす語として使われるが，地震学では通常揺れの原因となる震源域や断層すべりのことをさす．1章でも述べたように，地面の揺れは地震学では「地震動」という語で表現する．

もし地震を地震動の意味にとれば，この予測は震源がどこにあるかは別にして，首都圏の地面を大きく揺らす地震のことをさす．その場合には，大きな地震とは震度（1.1節b）が大きいことを意味する．「大きな」は曖昧な言葉だが，常識的には震度が5弱以上の揺れをさすと解釈できるだろう．

逆に，地震を震源域や断層すべりの意味にとったら，首都圏で起こる地震とは，首都圏に震源域をもついわゆる首都直下地震（2.8節b）を意味する．その場合には，大きな地震の意味を明確にするには，マグニチュードを指定することになる．常識的に言えば，マグニチュードが6以上の地震が問題になろう．

このように，「近いうちに……」の予測は確かに内容をもう少し明確にしたいところであるが，このままでは予知情報として意味がないかと言えば，必ずしもそうではない．

私自身も「東京に地震は起こりますか」という問をよく受けるが，そのときにこの答を返すと，「やはりそうですか」と納得してもらえることが多い．「近いうちにとは何年以内ですか」などと問い返されることはめったにない．地震の素人にとっては，これは立派な予知情報になっている．

それは次のように考えても理解できるだろう．もし北欧で「近いうちにここで大きな地震が起こるだろう」と権威のある人が言ったら，おそらく大騒ぎになるだろう．北欧では人々が地震を経験することはほとんどないからである．

結論としては，何を予知の条件にするかは最初からあまり厳格に規定しなくてもよいような気がする．わかっている最大限の情報を出せば，それはそれなりに有用な情報になる．

b. 地震発生の確率

天気予報には20年以上も前から確率が導入された．「午後の降水確率は40%です」というような表現に，おそらく誰もが慣れている．

予報は必ずしも当たるとは限らないので，その信頼度，あるいは予報する側の自信の程度を表現したいという気持ちは理解できるし，その表現方法として確率を用いるのも妥当なことだろう．「降水確率が40%です」と告げて，傘をもっていくかどうかは各自の判断に任せる．その背後には西洋流の自己責任の思想がある．外出時間が長かった

り，濡れるのが嫌だったりする人は傘を持ち，荷物を持つのがわずらわしい人は傘を持たないで家を出るわけである．

ただし，確率による予報が定着したかというと，必ずしもそうとは言えないようだ．確率が導入された当初は天気予報のほとんどが確率一色でなされたのが，時とともにそれが後退しているように感じられる．最近は，各時間帯の天気を晴れマークや雨マークで断定的に表現して，その代わりに「曇りマークだがにわか雨があるかもしれない」などと補足することが多くなった．私も確率よりもこの表現の方が好きである．

地震予知にも確率が持ち込まれるようになった．断定的な発生予測が天気予報よりずっとむずかしいことを考えれば，それは当然の流れといえる．現在行なわれている確率の予測は，「同じ領域で同等の規模の地震が繰り返し発生する」という仮定に基づく[17]．地震発生の間隔が完全に一定ならば，直前の地震の時期から次の地震が正確に予測できるのだが，地震の発生間隔にはばらつきがあるので，時期の予測には誤差が生じ，それを確率で表現するのである．

例えば，「南海トラフ沿いの巨大地震（2.8 節 a 参照）は 30 年以内に 50% 以上の確率で起こる」と予測されている．南海トラフとは，静岡県から四国にかけて，その南側の海域を走る海溝であり，予測の対象となるのは東北地方太平洋沖地震と同じプレート間地震である．

ただし，確率の値が受け手に何を伝えたいのかは必ずしも明確でない．住民はそれにどう対応したらいいかとまどうだろうし，行政の側から見ても「40%なら防災対応をするが10%なら対応しない」というわけにもいかないだろう．対応の優先度を決めるうえで参考にせよというのならそれでもよいが，もう少していねいな解説がある方がよい．

　プレート間地震は発生間隔が短いので，確率がもっともらしい値になるが，内陸地震（2.2節 c）は発生間隔が1000年を超えることも普通なので，人間が生きている間にその地震に遭う確率が数%以下になることが多い．そこで，地震には遭わないものと理解していると，ある日突然その地震に襲われる．阪神淡路大震災の原因になった兵庫県南部地震（1995年，2.7節 a）の前にも，野島断層などで予測された地震発生の確率はかなり低かったと記憶する．このような場合には，確率の表示は明らかに誤解を生む原因になる．

　現状では，地震発生の予測を確率の評価だけで済ませるのは無理があると感じられる．天気予報では，大気の状態変化を記述する物理がよく理解され，広域の観測データをにらんで数値シミュレーションで未来の状態を計算しながら予測内容を得る．それに対して，地震予知の確率の妥当性は「同じ領域で同等の規模の地震が繰り返し発生する」という仮説に強く依存する．この仮説が妥当でなかったら，確率の値はほとんど無意味になる．これについては3章で議論したい．

　地震発生の確率を計算したいという意欲を否定するつも

りはないが,過去の地震発生履歴だけを基盤にして予測情報を出すのなら,事実をそのままわかりやすく表現することをもっと重視すべきではなかろうか.例えば,東日本大震災の前には,こんな情報が周知されていればよかったと思える.

「東北地方の太平洋側には震度が6を上まわる地震が10年程度の間隔で発生します.海沿いは津波に襲われることが多く,場所によって10mを超えるような津波がこの100年間に2回ありました.さらに高い津波を広域にわたって生む地震も約1000年前に起きています」

この程度の内容で防災に必要な情報は十分に伝わるように思える.これを確率というひとつの数値で表現するのはむずかしい.

東北地方太平洋沖地震の発生前には,宮城県沖地震ばかりに目を奪われすぎたことを反省して,地震調査委員会は,今後は領域間の相互作用も考慮したいという.また,応力分布の状況にも目を配り,防災に使いやすい評価内容や表示の仕方も改善したいという.いずれをとっても簡単にはいかないかもしれないが,有効な改善がなされることを期待したい.

ただし,確率の数学的な処理方法の改善は,ほとんど無意味であることを強調しておきたい.求められているのは,計算の基礎となる地震発生過程の物理モデルを改革することである.

c. 短期的な予知と中長期的な予知

　予知を期間で区分して短期的，中期的，長期的な予知に分けることがある．この区分をさらに具体的に明示して，対象とする地震や噴火に先立って，その数時間〜数カ月前，数カ月〜数十年前，数十年〜数百年前にそれを予知することと定義することもある．しかし，予知をする側から見て，また予知情報を使う側から見て，この区分がどれだけ意味をもつのかは明確でない．

　とはいえ，予知の内容に時間の長さと関連する違いがあることも確かである．まず，特定な地震や噴火が差し迫っているときは，それがいつ起こるかを正確に予測することが予知に期待され，その情報は，防災上は立ち入り規制や避難の必要性を判断する材料などとして使われる．

　また，地震や噴火がいずれ起こると予測されるが，あまり差し迫っていないときには，どのような防災対応が必要で，準備にどれだけ時間が使えるのかを示すことが，予知情報に期待される．もっと長期にわたって，ある場所が地震や噴火で被災する可能性が高いかどうかを知らせる情報があれば，それは都市の開発や重要施設の建設で場所を選定する際などに重要な判断材料になる．

　そこで，本書ではこのような使われ方の違い，目的の違いを強調して，予知を次のように区分する．短期的な予知（直前予知）は，次の地震や噴火の前にその正確な時期や規模を予測することをさす．中期的な予知は，特定の断層や火山で将来の地震や噴火がどのような頻度，どのような形

で起こるかのか,その可能性を予測する.長期的な予知は,どの地震どの噴火とは特定せずに,着目する場所が地震や噴火で被災する危険性の高さを評価する.

この定義に従えば,1.4節 a で議論した東北地方太平洋沖地震の予知は,中期的な予知に分類される.もっと一般的に,確率を用いた予測(2.1節 b)は中期的な予知に区分することができる.

また,1.5節 b で問題にした最悪の事態の予測は,目的から見ても長期的な予知にあたる.全国の原子力発電所の建設に先立って,建設予定地が地震や噴火で被災する可能性を関連機関で独自に検討したと聞くが,これも長期的な予知である.

ただし,中期的な予知で,比較的短い期間を区切って高い確率で地震や噴火の発生が予測されれば,それは実質的には短期的な予知をしたのと同じである.逆に,かなり長期にわたって地震や噴火が起こりそうもないと予測されれば,それは実質的には長期的な予知と同じ意味をもつ.

予知という語は通常は短期的な予知の意味で使われる.予知に関する議論は,多くの場合短期的な予知を対象にし,話題も短期的な予知に関連するものが圧倒的に多い.3つの区分がいつも厳格にできるわけでないことも考慮して,当面は予知を短期的な予知と中長期的な予知に分けて扱うことにする.

日本では過去数十年間に M7 クラスかそれ以上の地震が多数発生したが,短期的な予知が試みられたことはない.

諸外国でも短期的な地震予知に成功した事例は少なく，その可能性に懐疑的な研究者も多い（2.5 節）．そこで，地震予知の重点は中長期的な予知に移されつつある（2.7 節）．ただし，東海地震は短期的な地震予知をめざす日本で唯一の試みである（2.6 節）．

2.2 予知の基盤

20 世紀の半ば過ぎまでに，地震や火山に関する基礎的な概念や理解が固まった．予知について考える背景として，その内容が築かれたいきさつにも触れながら概観する．

a. 地震は断層すべり

1.2 節 a では，地震が断層面に沿うすべり（変位の不連続）によって生ずることを述べた．歴史的には，この事実は 20 世紀前半に長い論争を経て確立された．地震発生源の理解を深めるために，この論争の本質的な部分を要約し，その応用としてメカニズム解[8]についても学ぼう．議論が多少理屈っぽくなるので，それがわずらわしかったら，この項目は読みとばしてもかまわない．

各観測点に最初に到達する地震波（初動）からは，地震の発生源に関する情報がいろいろと引き出せる．初動の到達時刻から震源の位置が決められることは既に述べたが，初動の揺れの方向も重要な情報源となる．P 波初動には，地面が最初に上向きにもち上がる場合と下向きに引き下げ

られる場合がある．地面が上向きに動くのを「押し」，下向きに動くのを「引き」と呼ぶ（図2.2参照）．

興味深いのは，たくさんの観測点で得られる押しと引きの分布に規則性が見られることである．日本の多くの地震では，押しと引きは観測点を4つに分割するように分布する（図2.1a）．この押し引きの分布を4象限型とよぶ．押しの領域と引きの領域の境目は，3次元的には面になるので，節面とよばれる．地震によって節面はいろいろな向きをとるが，いずれの場合も2つの節面は直交する．震源は節面が交差する位置にくる．

歴史的には，観測される4象限型の押し引き分布が，震源に働くどのような力によって説明できるかが議論された．もし断層面上のすべりが地震の原因なら，地震波を生み出すのはすべりを起こすような反対向きの1組の力（力対）と等価だろう．このような力対をシングルカップルと呼ぶ（図2.1b）．

だが，このシングルカップルの力対からは，断層を含む面で押しと引きが分割されるような2象限型の分布が得られると期待される．観測される4象限型の押し引き分布を説明するには，これと直交するもう1対の力対が必要になりそうである（図2.1c）．この力対の組み合わせをダブルカップルとよぶ．

力対から生ずる地震波を理論的に計算してみても，4象限型の押し引き分布はやはりダブルカップルから得られる．地震の原因は断層すべりではないのだろうか．ダブル

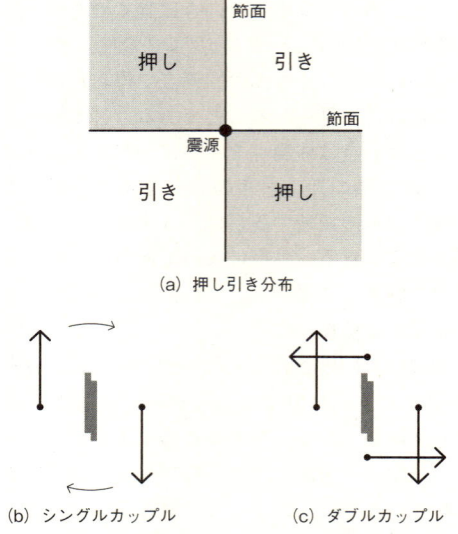

図2.1 P波初動の押し引き分布と地震の発生機構の関係.（a）4象限型の押し引き分布.横ずれ断層型の地震を例にとり,押しの領域に影をつける.（b）断層すべりとシングルカップルの関係.力によって回転が生ずる.（c）断層すべりとダブルカップルの関係.回転は打ち消される.

カップルに対応する物理的な実態は何なのだろうか.実際の地震では,地表で断層すべりが観察されることも少なくないので,この問題は長い間地震学者を悩ませた.

最終的には,弾性体の中に断層を導入して,すべりの効果を直接計算することで議論は決着した[8].意外なことに断

層すべりから生ずる地震波は2象限型ではなく，4象限型の押し引き分布をもたらした．言い換えれば，断層すべりはシングルカップルではなく，ダブルカップルと等価だったのだ．これがわかったのは1960年代の初めである．

この結論は直感の危うさへの警告とも受け取れるが，じつは直感的にも理解が可能である．シングルカップルはまわりの物体をグルグル回す作用をもつ（図2.1b）．安定な物体の状態を表現するには，この回転を止めるもう一つの力対が必要になり，断層すべりは必然的にダブルカップルで表現せざるをえないのだ．

地震の本質を解き明かす基礎概念がこのような歴史を経て確立されたことは興味深いが，押し引き分布は震源の状態を反映する有用な観測データとして，現在でも広く用いられる．そこで，この問題にもう少し深入りしよう．

図2.1には2枚の節面がともに地面と直交する場合を取り上げたが，節面は地面に対して傾いていてもよい．図2.2では断層は地下にあり，地面と45°の傾きで傾斜している．この図は鉛直な断面で見た状況である．地震波の発生をこんどは力対を使わないで考えてみよう．断層すべりによって，断層周辺には収縮する部分と膨張する部分が現われることは，直感的にも理解できよう．その各々から生ずる地震波が，初動として押しと引きの領域に到達すると考えることができる．

この図で，地震波が伝わる方向が地表に向かうにつれて上向きになることに注意してほしい．これは地震波速度が

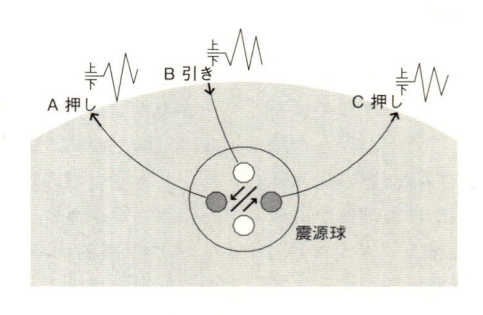

図2.2 断層面が地面と45°の角度をなす場合のP波初動の押し引き分布（上）とメカニズム解（下）．メカニズム解は押しの領域に影をつける．上は鉛直断面で地震波の伝播を見ており，下は震源球の上に投影された押し引き分布を真上から見る．断層すべりは正断層型である．

深さとともに増加するためで，その原理は光が空気から水に入射するときに曲がるのと同じである．地震波がこのように曲げられるために，図2.1の例のように地下のすべりが水平になる場合でも，地表に到達するP波には押しや引きの成分が生じるのである．

地震波が曲げられる効果を補正して，押し引き分布を正しく表現するためには，震源を囲むような小さな球（震源球）を考え，押しと引きをその上に投影すればよい．震源

球の上半面か下半面を真上から見下ろした円を描き，そこに押し引きの観測データを書き込むと，図2.2の下に示すような図になる．図上には節面と震源球の交線を曲線で書き込む．このようにして得られた図を地震のメカニズム解と呼ぶ．

メカニズム解は断層面とすべりの方向に関する情報を含んでいる．断層面は二つの節面のどちらかに平行である．ただし，どちらが本当の断層面を表わすかはメカニズム解だけからはわからない．どちらが断層面かが決まれば，すべりは節面の交線に直交し，断層面の両側で引きの領域から押しの領域に向かって生じる．

さらに，メカニズム解には地震が起きた環境に関する情報が含まれる．最も典型的な断層のタイプは正断層型，逆断層型，横ずれ断層型であり，それは地殻が水平方向に伸長状態，短縮状態，平均的な中立状態にあることを表わす（図2.3）．これらに対応する地震のメカニズム解をそれぞれの断層タイプの下に示す．上の議論で用いた図2.1は横ずれ断層型，図2.2は正断層型であった．

このように，地震のメカニズム解からその地震を起こした地殻の応力状態が読み取れる．ただし，現実のメカニズム解は，三つのタイプのどれかに完全に一致するわけではなく，正（逆）断層型と横ずれ断層型の中間にあるような解もよく見られる．このような場合も含めて，初動の押し引き分布からは，断層やすべりの方向と，地震をもたらした応力条件を読み取ることができるのである．

正断層

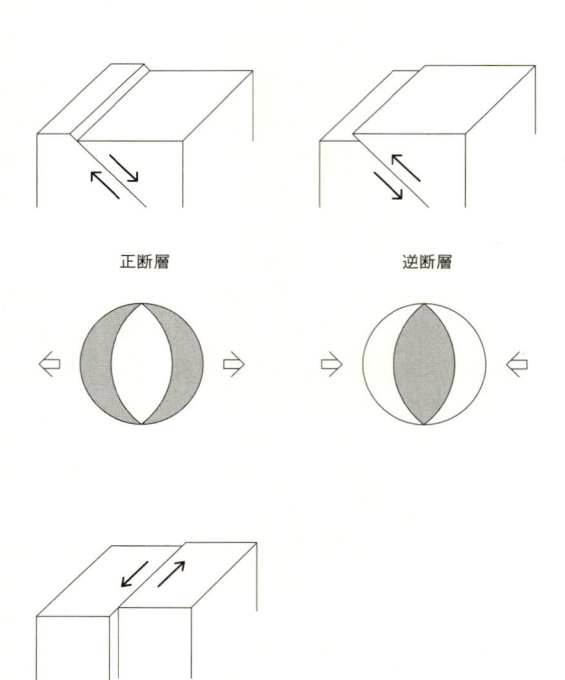

逆断層

横ずれ断層

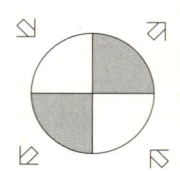

図 2.3 典型的な断層すべりの3タイプと各々に対応する地震のメカニズム解．メカニズム解は影をつけた領域が押しである．断層すべりのタイプは，地震が発生する場の応力状態を反映する．

最後に，ダブルカップルを構成する力対（図 2.1c）の意味を補足しよう．力対の大きさは地震モーメントとよばれる．実際の地震に対して，地震モーメントは地震波形の長周期成分の解析から計算できる．

　理論的な解析によれば，地震モーメントは断層面積と平均すべり量の積に比例し，地震のエネルギーにも比例する．そのために，(1.1)式からマグニチュードとも密接に関係し，特に大きな地震のマグニチュードを見積るためによく使われる．

b. プレートテクトニクス

　プレートテクトニクスについては，1.3 節 b でプレート間地震について述べたときに取り上げたが，ここでもう少し体系的に学んでおこう[18]．

　プレートテクトニクスが成立する過程にも興味深い歴史が見られる．話は 1912 年にウェゲナーが大陸移動説をとなえたことに始まる．

　発想のもとは，ヨーロッパ・アフリカ大陸の西岸と北米・南米大陸の東岸で海岸線の輪郭がよく似ていて，ふたつの位置をずらすとぴったりとつながることにあった．ウェゲナーはその両側で地質や生物種などの分布も連続することを示し，両側の大陸がもともとは一体であったと考えた．巨大な大陸がある時に分離して離れ，その間に大西洋が生まれたと推測したのである．

　この大陸移動説は今から見ても説得力のある材料に基づ

いており，魅力的な仮説である．しかし，主に大陸を動かす力に関する説明が不十分だという理由で，提案された当時は地球科学の定説にはならず，その後も長い間放置された．その間にマントル対流説が出現し，大陸を動かす力の説明が補充されたが，大陸移動説に不利な状況は覆されなかった．

変化が見られたのは 20 世紀半ばになってからである．海洋船を用いた精力的な観測が始まり，海底で火山岩の年代が系統的に分布することが見出されたのだ．海底が形成された年代は，海嶺と呼ばれる海底のゆったりとした尾根状の高まりで最も新しく，そこから両側に離れるにつれて次第に古くなった．大西洋では海嶺はふたつの大陸のちょうど中間を貫いていた．

この事実は新しい海底が海嶺で造られ，それが両側に押し出されて移動していくことを示す．大陸移動説が主張した大陸の分裂と移動は，大陸内部に生じた新しい海底の形成と拡大の結果として理解できるのである．こうして，大陸移動説は海底が拡大するという新しい概念の確立とともに劇的に復活した．それはプレートテクトニクスの誕生という形で固体地球科学を一新した．

図 2.4 はプレートテクトニクスをマントルの活動と関連させて模式的に表現する．ここで描写される地球の断面で，表面を板のように覆う薄い層がプレートである．プレートは，海嶺で生まれてから，海底とともに年間数 cm〜十数 cm 程度の速度で水平に移動する．海溝に達すると，

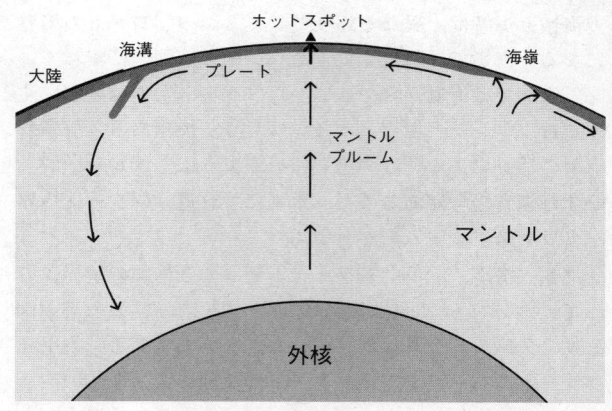

図 2.4 プレート運動とマントル対流の関係. プレートは海嶺で造られ, 水平に移動してから海溝で沈みこむ. マントル対流の上昇流は一般には海嶺の下にはない. ホットスポット火山はプレート内部に孤立して存在し, その下にはマントル深部に起源をもつ上昇流がある.

地球内部に沈み込んで地表から姿を消す. 海溝は大陸の近くにできることが多いが, 大陸と海洋は海溝で分断されるとは限らない.

大陸はプレートの上に乗る厚い地殻である. プレートと一緒に地表を漂うが, 地殻の有する大きな浮力のために地球内部に沈みこむことはない. 大陸を横切って海嶺が生まれると, その両側に新しいプレートができる. 新しいプレートは薄い地殻で覆われるので, 表面が海面より低くなって海底となる. そのために, 大陸は海洋で分断されることになるのだ.

海嶺と海溝は，異なる速度で動く2つのプレートの境界になる．海嶺では新しくできたプレートが両側に離れていく．海溝では海側からやってきたプレートが地球内部に沈みこむ．プレート境界にはじつはもう一種類ある．海嶺や海溝の活動による速度の差を埋めるように，プレート同士がすれ違う場合があるのだ．水平にすれ違うプレート境界をトランスフォーム断層とよぶ．

　海嶺，海溝，トランスフォーム断層の3種類の境界によって，地球の全表面は複数のプレートに分割される（図2.5）．プレートの大きさや速度はさまざまである．太平洋プレートやユーラシア・プレートのように大きなものも，フィリピン海プレートやココス・プレートのように小さなものもある．太平洋プレートはほとんどが海で占められて，速い速度で動くが，ユーラシア・プレートは大半が陸であり，移動速度も遅い．

　世界中の地震のほとんどは3種類のプレート境界とその周辺で起こる（図2.6）．海嶺の地震は，プレートが両側に離れていくために生ずる張力を受けて，正断層型になる（図2.3）．トランスフォーム断層に沿って分布するのは横ずれ断層型の地震である．海溝ではプレートの沈み込みに対応して逆断層型のプレート境界地震が起こるが，沈み込みの角度が浅いので，節面の一方が地表と小さな角度をなす低角逆断層型となる．海溝付近にはこれ以外の地震も発生する（2.2節c）．

　火山の活動とプレート境界の関係はもう少し複雑である

(図2.4).海嶺の火山活動は新しいプレートの表面を覆う海洋地殻を造る.この地殻を生むマグマは海嶺の直下から湧き上がる熱いマントル物質に起源をもつ.海溝の付近では,火山の活動は海溝から陸側に少し離れた位置に生じる.トランスフォーム断層は火山とは無縁である.

火山の活動はプレート境界でないところにも存在する.ハワイ島の活発な火山活動は太平洋プレートのほぼ中央部に位置し,そこからはどのプレート境界もはるかに離れた距離にある.このような火山は,プレートの生成や消滅に直接関係しない熱いマントル物質の上昇流が原因だと理解され,ホットスポット火山と名づけられた(図2.4).世界には数十個のホットスポット火山がある.

ホットスポット火山の存在は,プレートテクトニクスとマントル対流の関係が一筋縄にはいかないことを示唆する.さまざまな理由から,海嶺は海溝で沈みこむプレートに引っ張られてプレート内部にできる裂け目であって,マントル深部には根をもたないと推測される.一方で,深部に根をもつと考えられるホットスポットは,マントル全体の物質上昇と対応させるには,活動の規模が小さすぎる.

このように,プレートテクトニクスがマントルの活動にどう支えられているかについて,まだ完全な理解はできていない.しかし,活動のエネルギー源が高温の地球内部に蓄えられた熱であることは間違いない.熱によってマントルにマグマが生み出され,対流が生じてプレートを動かす.地震も噴火も究極的な原因は地球内部の熱エネルギー

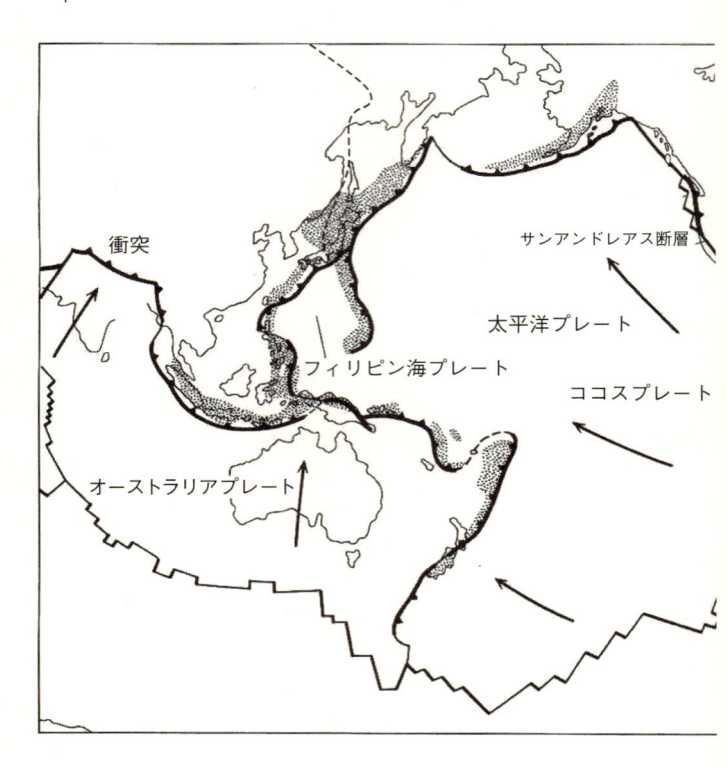

図 2.5 世界のプレートの分布.プレートは海嶺,海溝,トランスフォーム断層を境に分割される.矢印はプレートの運動方向を表わすが,その長さは運動速度と対応しない.[杉村新・中村保夫・井田喜明編:図説地球科学,岩波書店,1988 より]

2.2 予知の基盤

北米プレート
ユーラシアプレート
カリブプレート
アフリカプレート
N
南米プレート
ナスカプレート
C
南極プレート

- ▬▬ 沈み込み帯
- ──── トランスフォーム断層
- ──── 海嶺
- ---- 不明瞭なプレート境界
- →   プレート運動の向き
- ░░░ 深発地震帯

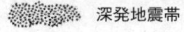

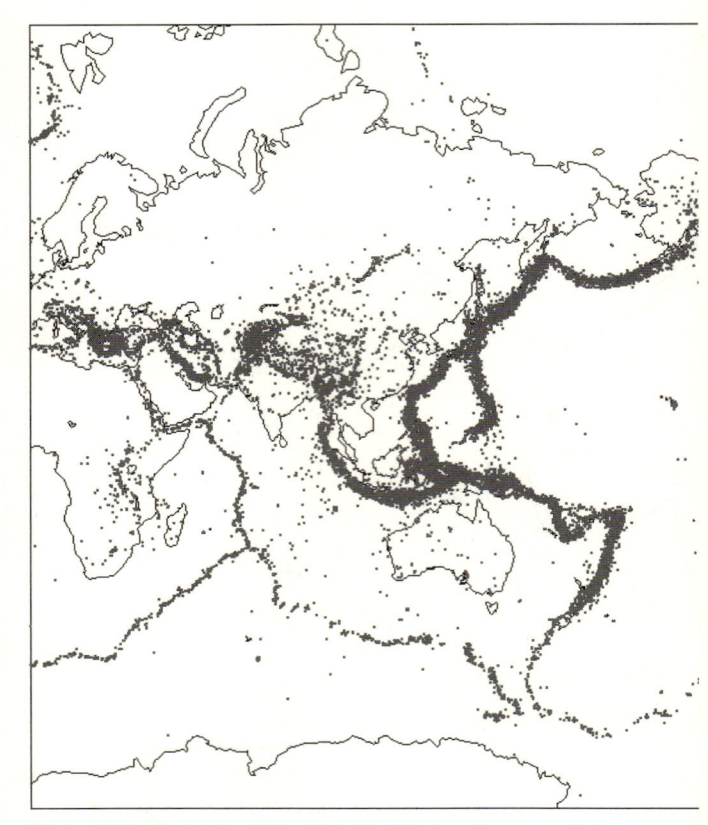

図 2.6 世界の地震分布. 1990～2000 年に起きたマグニチュード 4.0 以上, 深さ 50 km 以浅の地震の震央を示す. [気象庁: http://www.jma.go.jp/jma/ より]

2.2 予知の基盤

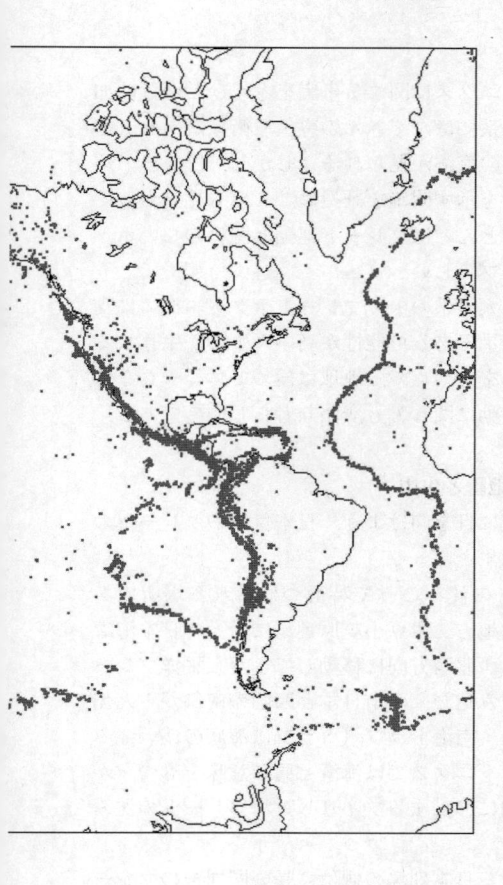

にある．

　プレートテクトニクスに関する事実をもうひとつ付け加えておこう．太陽系にはたくさんの惑星や衛星があり，そのほとんどに火山の痕跡が見られる．しかし，プレート運動が存在することを示す明確な証拠はどこでも見つかっていない．火山のほとんどはプレート運動と関係のないホットスポットのタイプらしい．

　そこで，地球は太陽系の中でプレートテクトニクスに支配される唯一の惑星である可能性が高い．生物が生存する温暖な大気と海洋をもつ点で，地球は極めてユニークな惑星だが，内部の活動に関しても変わり者らしいのである．

c. 沈み込み帯の地震と火山

　日本列島の周辺に目を向けよう．日本付近のプレートの分布を図2.7に示す．

　日本はプレートの沈みこみで特徴づけられる場所である．北海道，東北地方，伊豆小笠原列島に沿って日本海溝があり，そこでは西北西方向に移動してきた太平洋プレートが地球内部に沈み込む．西南日本と四国の南側から九州の東側にかけては，南海トラフ（トラフは海底の浅い窪みで，プレートテクトニクスでは海溝と同じ意味をもつ）があって，北西方向に移動するフィリピン海プレートの沈み込み口となる．

　沈み込みを受ける日本列島の側は，長い間同一のプレート上にあるとされてきたが，最近は中部日本を境に北東側

図 2.7 日本付近のプレートの分布．日本海溝で太平洋プレートが，また南海トラフでフィリピン海プレートが沈み込む．沈み込みの方向と相対的な速度の大きさを矢印で示す．[日本列島のプレート：http://www5d.biglobe.ne.jp/~miraikai/nihonnopuraito.htm より]

は北米プレート（あるいは北米プレートから分かれたオホーツク・プレート），南西側はユーラシア・プレートに属するという説が有力である．このプレート境界は糸魚川と静岡を結ぶ断層群（糸魚川-静岡構造線，図 2.8 参照）の付近にあると想定される．

北米プレートとユーラシア・プレートの境界は，日本列

図 2.8 日本の主な活断層の分布.［日本列島のプレート：http://www5d.biglobe.ne.jp/~miraikai/nihonnopuraito.htm より］

島に沿って日本海を北上する．そこではユーラシア・プレートが北米プレートの下に沈み込んでいるとされる．図1.10 や図 1.11 には東北日本や北海道の西に顕著な震源の分布が見られるが，その地震活動はユーラシア・プレートの沈み込みにともなうものと理解されている．

　プレートの沈み込みにともなって地震や火山の活動がどう生ずるかについて，一般的な概念を図 2.9 に示す．既に

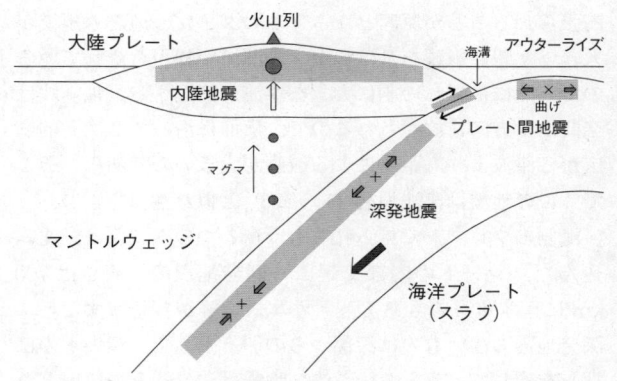

図 2.9 プレートの沈み込みにともなう地震と火山の活動. プレート境界では低角逆断層型のプレート間地震が起こる. 沈みこむ海洋プレートでは, アウターライズで正断層型の地震が, 深部で深発地震が発生する. 陸側では内陸地震が発生する. 火山はプレートの沈み込みが 100 km 程度の深さに達した真上に生じ, 海溝にそって火山列をつくる.

述べたように, 海側と陸側のプレートが接する浅い部分では, 低角逆断層型のプレート間地震が発生し, それはしばしばマグニチュードが 8 前後かそれ以上の巨大地震となる. 東北地方太平洋沖地震 (M9.0, 1 章参照) でも, 本震と多くの余震のメカニズム解は低角逆断層型であった.

海側のプレートには他にも 2 種類の地震が見られる. ひとつは海溝の海側に見られる正断層型の地震 (アウターライズ地震, アウターライズとは海溝の海側に生ずる地形の盛り上がりをさす) で, プレートの曲げによって上側が引

っ張られることが原因となる．このタイプの地震も規模が大きいと陸に影響を及ぼすが，震源域が陸から離れているので，陸には揺れの割に大きな津波が到達する．地震波は空間の全方向に放射されるので，海面に沿って2次元的に広がる津波よりも距離による減衰が大きいのである．そこで，この地震は津波地震（1.3節c）と似た性質をもつ．

海側のプレートで見られるもうひとつのタイプは，沈み込んだプレートの内部で起こる深発地震で，深さは700 kmに達するものもある．メカニズム解から判断すると，深発地震の浅いものは深部からの引っ張りを，深いものは押しを感じているらしい．浅い地震は沈み込みの原因となるプレートの重みの効果を，深い地震は周囲から働く抵抗の効果を相対的に強く受けているようである．

深発地震は一般には規模が小さく，それによって大きな被害が出ることは少ない．しかし，1993年釧路沖地震（M7.8）のように，規模が大きくて人的な被害をもたらすものもある．このような地震（スラブ内地震と呼ばれる．スラブは沈み込んだプレートの意味）は，広い地域に揺れをもたらし，揺れの分布が特殊な場所に偏る傾向（異常震域）をもつ．プレートの内部は，陸の下のマントル（マントルウェッジ）に比べて，地震波が減衰を受けずに伝播するためである．

日本付近では，東北地方から日本海にかけて深発地震がなだらかな角度で深さ600 km付近まで広がっている（図1.10参照）．それに対して，四国や九州の下に分布する深

発地震は，深さが 300 km に達しない．太平洋プレートは長期にわたりほぼ定常的に沈み込みを続けてきたのに対して，フィリピン海プレートの沈み込みは比較的最近始まったからである．

陸側のプレートに乗る日本列島では，内陸地震と呼ばれる地震が発生する．内陸地震はマグニチュードが通常は 7 前後にとどまるが，時には 8 に達することもある．プレート間地震よりも相対的に規模が小さいが，震源が陸にあるために，人口が集中する都市の近くで起こると，大きな被害が出る．

日本の内陸地震は東西圧縮に対応する横ずれ断層型が多い．その原因となる応力は，通常は太平洋プレートの押しによるものと考えられているが，海溝の位置の移動が応力発生の原因となる可能性もある．

内陸地震は既存の「活断層」で繰り返し発生するものと考えられている．日本の主な活断層の分布を図 2.8 に示す．ただし，把握されている活断層以外の場所でも被害が出るような地震が発生することは少なくない．このような地震は未知の活断層で起きたと解釈され，調査の結果として隠れていた活断層が見つかることも多い．しかし，既存の活断層以外では決して地震が起こらないという保証はない．

地震予知の対象となるのは主にプレート間地震と内陸地震である．東日本大震災を起こした東北地方太平洋沖地震（2011 年，1 章参照）や関東大震災を起こした大正関東地震

(1923年，2.8節b）はプレート間地震であり，阪神淡路大震災を起こした兵庫県南部地震（1995年，2.7節a）は内陸地震である．

プレート間地震は断層の位置がプレート境界に限定され，地震の原因がプレート間の速度差であることもはっきりしている．それに対して，内陸地震の方は日本列島のどこでも起こると覚悟すべきであり，原因となる応力の起源も必ずしも明瞭でない．

プレートの沈み込みにともなう活動的な火山は，海溝に平行な火山列（火山前線）をなす．火山列の海側には火山の活動が存在しないが，陸側には火山が活動しうる．東北地方では火山列は2列になっているように見える（図2.11参照）．

火山は沈み込んだプレートの上面が100 km前後の深さに達した場所の真上に生じる．沈み込むプレートは海底を移動する間に冷却されるはずなので，沈みこみの結果としてマグマがなぜ生ずるのかは不思議である．プレートに持ち込まれた水などの成分は，岩石の融点を下げるので，その効果がマグマの生成に重要な寄与をすると考えられているが，融解の熱源が何かはよく理解されていない．

2.3 予知の体制と方策

地震や噴火を頻繁に経験する国のひとつとして，日本は地震予知や噴火予知を国策として推進してきた．ここで

は，予知がどのような体制で進められてきたかを振り返り，予知の方法として重視される前兆現象について概略をまとめる．

a. 予知計画

日本が地震予知に取り組んだ歴史は古い[21][22]．濃尾地震（1891年に岐阜県で起きた内陸地震，M8.0）の直後に震災予防調査会による地震予知についての検討が始まり，関東大震災（1923年）の発生を受けて地震予知の研究を柱とする東京大学地震研究所が設立された．1962年には地震学研究者の有志によって「地震予知：現状と推進計画」（通称「ブループリント」）という提案が発表され，その延長上で1965年に地震予知計画がスタートした．

このように，地震予知計画は研究者がリードする形で始まり，当初は「地震予知研究計画」と名づけられた．それに対して，1974年にスタートした火山噴火予知計画の方は，地震予知計画と並立させる形で政策的に導入された色彩が濃い．予知計画はそれ以後数十年にわたって毎年数十億円の国家予算をつぎこんで実行された．

予知計画の内容を立案するためには，文部科学省（旧文部省）の所管する測地学審議会や学術審議会の下に地震予知と噴火予知を検討する委員会が置かれ，5年ごとに計画案が作成されて総理大臣に建議される．それを受けて，気象庁，大学，関連する国の研究観測機関が所属するそれぞれの省庁に対して予算を申請して計画を実行する．

予知計画が発足した当初は，地震や噴火の前兆現象（2.3節 b）を捉えて短期的な予知を達成することに，計画の目標が明確に絞られていた．その目標に向けて，前兆現象を捉える技術を開発することと，実際の地震や噴火に対応できる観測体制を整備することが計画の柱にすえられた．

　予知計画の推進によって，地震観測と地殻変動観測を中心に，全国の観測体制は抜本的に強化され，観測に従事する組織や人員も大幅に増強された．現在では地震観測についても，また GPS を用いた地殻変動観測についても，全国に分布する観測点の数は 1,000 点を超える．

　また，具体的な地震や噴火の活動を専門的に評価する目的で，地震予知連絡会（事務局は国土地理院）と火山噴火予知連絡会（事務局は気象庁）が設けられた．これらの組織は地震や噴火の専門家を集めて年に数回の定期的な会合を開き，地震や火山の活動状況に関して意見を交換する．また，社会的に重要な意味をもつ地震や噴火が発生したり，その兆候が見られたりした場合には，臨時の会合を開いて，現状の認識や今後の見通しについて見解をまとめる．

　予知計画で強化された観測体制を用いて，学術的には画期的な研究がいくつか達成された．まず，日本海溝で沈み込む太平洋プレートについて，浅部の深発地震が 2 重の面をなすことが判明した．また，プレート境界が地震波をほとんど出さずにゆっくりと滑る現象や，プレート間地震の領域の先端付近で微小な震動が発生する現象が発見された

(2.7節 d).

一方で,前兆現象の把握による直前予知の達成は,当初考えたほど簡単でないことが次第に認識されてきた.噴火予知については,多くの噴火で事前に前兆現象が捉えられるが,それに基づいて確実な予知ができた事例は限られていた.地震予知については,事後であっても前兆現象が見つかる事例は少なく,直前予知を試みることすらできなかった.

このような状況を踏まえて,予知計画の内容は次第に変化してきた(2.7節 c).そのなかで地震予知計画にも噴火予知計画にも共通する変化は,基礎研究を重視すること,現象のモデル化を進めること,過去の事例についての情報を増やすことである.地震予知が確率予測を中心に据えるようになったのも,この流れの一環である.

b. 前兆現象

地震や噴火の発生に先立って,平常時には見られないような異常現象が発生することがある.このような現象を前兆現象と呼ぶ.前兆現象が検出されれば,それを手がかりに地震や噴火の発生を事前に予知できる.それを期待して,前兆現象は予知の重要な手がかりとされてきた.

予知の現場では,異常な現象を前兆現象とみなすかどうかが大問題になることが多いが,その問題はひとまずおいて,前兆現象にはどのようなものがあるかを整理しよう.前兆現象の内容は地震と噴火で異なるが,観測手段には共

通するものが多いので，それを分類の基準にして，前兆現象を表 2.1 にまとめてみた．

まず，意味づけが相対的に明確な噴火の前兆現象から検討を始めよう．噴火の前には火山性地震の活動が高まることが多い．火山性地震は，火山やその周辺で起こることを除けば通常の地震で，地殻の破壊が原因となる．火山性地震のマグニチュードは多くの場合 3 以下であるが，5 を超えて有感地震（人体に感じられる地震）になることもある．

火山性地震はしばしば群発する．すなわち，大小の地震が数分前後の間隔で繰り返し発生する．このような群発地震が継続する時間は 1 時間以内のこともあり，数日にわたることもある．群発地震は類似な規模の地震が繰り返すことが特徴で，その点で大地震とそれに続く余震の系列と区別される．

表 2.1　地震と噴火に先立つ主な前兆現象

観測項目	地震の前兆現象	噴火の前兆現象
地震観測	前震（しばしば群発する）	火山性地震の多発 火山性微動の発生
地殻変動観測	前兆すべりに対応する応力変化	マグマの蓄積による火山の膨張 マグマの貫入に伴う伸張や上下変動
電磁気観測	異常な地電流の発生 異常な空中電波の発生	火口周辺の電気伝導度の変化 消磁による岩石の磁化の変化
地熱観測	地下水の水位や温度の異常	噴気や地下水の温度上昇
化学観測	地下水中のラドン濃度などの変化	噴気の化学成分の変化

前兆現象としての火山性地震の活動は,噴火の数時間前に始まることもあり,数日から数カ月前から観測されることもある.火山性地震の原因は,マグマの圧力の高まりによる地殻の応力変化や,地下水の移動による岩石の摩擦強度の変化にあると理解されている.火山性地震を用いて予知に成功した事例は2.4節aで述べられる.

地震計に捉えられる前兆現象には火山性微動もある.火山性微動は,波形が破壊に特徴的なP波やS波などの成分を欠くことで火山性地震と区別される.マグマや地下水の発泡などが震動の原因と考えられ,火山性地震より噴火活動と密接な関係がある現象とみなされる.火山性微動が継続する時間は1分以内のことも数日にわたることもある.

地殻変動観測との関連では,マグマが地下に蓄積することに対応して,噴火前に火山全体が膨張する現象が前兆現象としてあげられる.現実には,マグマの蓄積はゆっくりと進むために,火山の膨張が噴火前に明白な前兆現象として把握された事例はあまり多くない.

しかし,マグマが新しい割れ目を作りながら移動して山腹で噴火を起こす場合には,その過程で顕著な地殻変動が生じることが多い.その際には同時に火山性地震の活動も高まるのが普通である.これらの現象の観測は,山腹噴火の発生を噴火地点とともに直前に予測する上で有効で,三宅島の噴火などで実際に予知に使われた (2.4節b).

電磁気観測では,岩石の磁化の変化を捉えるための観測が多くの火山で行なわれるようになった.岩石に含まれる

磁性鉱物は，形成時にその時の地球磁場を反映して磁気を帯びるが，岩石の温度が上がると磁化を失うので，その変化（消磁）は噴火の前兆現象として使えるのである．この観測の有効性は1986年に起きた伊豆大島噴火で実証された．

地熱観測や化学観測は，火口から噴出する噴気や地下水を対象にする．マグマが地表に接近すると，噴気や地下水の温度が上昇したり，マグマ起源の二酸化硫黄，塩化水素などの成分の割合が増えたりするので，その変化を捉えるのである．

このような噴火の前兆現象は，多くの火山で検出されて普遍性が認められ，マグマの活動とも明確に関係づけられている．そこで，マグマの噴出をともなうような顕著な噴火の前には，何らかの前兆現象が見られるのが普通であり，観測体制がある程度整備された火山では，噴火の不意打ちに遭うことは少ない．

それに比べると，地震の前兆現象は検出された事例が少なく，現象の意味づけも明快でないことが多い．ここでは，どのような地震の前にどのような前兆現象が見られたかについて，例をいくつかあげる．

東北地方太平洋沖地震や兵庫県南部地震の前に，前震と見られる地震が観測されたことは既に述べた（1.4節 b）．これらは予知には活用できなかったが，中国の地震予知では前震の活発化が予知の最後の決め手となった（2.5節 b）．

国内で観測された地震の前兆現象は，いずれも地震発生

後に前兆現象と判断された.その中でよく取り上げられる事例のひとつは,1964年に新潟県の日本海沖で起きた新潟地震(M7.5)の時のものである[21].この事例では,地震が発生する10年ほど前から新潟県などで10cm前後の異常な隆起が観測された.

1978年に伊豆大島沖から伊豆半島にかけて断層を延ばした伊豆大島近海地震(M7.0)では,前兆現象と見られる多くの異常現象が観測された[21].まず,その前日から前震と見られる群発地震の活動が見られた.また,地震の1カ月ほど前から,伊豆半島で高感度の体積歪計の観測に異常な膨張や収縮が認められた.さらに,伊豆半島の深井戸で,地下水の水位,水温,ラドン濃度の変化が検出された.

この事例で,前震や前兆的な地殻変動は,本震発生前の応力変化で誘発されたと考えられるが,異常が地下水に及ぶのはなぜだろう.地下水の水位は応力変化を反映し,水温や化学成分の変化は,周辺の岩石内に発生した亀裂との物質のやり取りを表わすと解釈できるかもしれない.

なお,ラドンは希ガスのなかで最も重い元素で,他の希ガスに比べて水に対する溶解度が高く,3.8日の半減期で放射崩壊する.この特徴のために,ラドンの分析はしばしば地震予知に使われる.

岩石の応力状態が変化すると,石英などの誘電鉱物には圧電効果でピエゾ電圧が生ずる.また,地下水の流れによって流動電位が生ずる.これらを電磁気観測によって捉えようとする試みがなされている.有名なのは地電流の観測

を地震予知に活用したVAN法である (2.5節c). また, 地下の変動を空中の電磁波観測によって捉えようとする試みもある.

地震の前兆現象は一般の人々にも広く関心をもたれており, 雲の発生から動物の異常行動までさまざまな報告が地震のたびになされてきた[23]. しかし, これらの「宏観異常現象」を科学的に実証するのはむずかしい.

2.4 噴火予知の経験

噴火の前兆現象は地震の場合よりも意味づけがはっきりしており, 予知に活用された事例も多い. そのために, 噴火の短期的な予知 (直前予知) は地震よりかなり容易であると認識されている. そこで, 地震予知について考える前に, 噴火予知の現状を概観しておこう.

前兆現象が噴火予知に使われた事例は少なくないが, ここではともに2000年に発生した有珠山と三宅島の噴火を取り上げる. これらの事例を踏まえて, 噴火の短期的な予知の問題点を考える. 中長期的な予知との関連では, 活火山の認定とランクづけを取りあげる.

a. 有珠山の噴火

有珠山は粘性の高いデイサイト質のマグマを時には爆発的に噴出し, 時にはゆっくりと流出させて溶岩ドームを形成する. 最近の噴火は1910年, 1943〜45年, 1977年と30

年前後の間隔で繰り返されてきたので，2000年の噴火を迎える頃には，噴火が近いという認識が一般の人々の間にもいきわたっていた．

その状況の中で2000年の噴火は3月31日に始まった（表2.2）[24]．噴火はまず北西山腹の西山で，翌日にはそこから北東に1km離れた金毘羅山で，高さ3,000mの噴煙を上げた．この2地点はその数日後から多数の小火口をつくって熱水や水蒸気を出し続け，時に泥混じりの噴煙のジェットを上げた．

噴火が開始する4日前から，有感地震を含む多数の火山性地震が北西山腹の地下で群発し始めた（図2.10）．火山性地震の多発を見て，火山噴火予知連絡会は近日中に噴火が発生する可能性が高いとする見解を3月28，29日に発表し，気象庁は緊急火山情報を出して警戒を呼び掛けた（表2.2）．それを受けて，有珠山周辺の3市町から避難指示が出され，火山周辺の住民1万人の避難が噴火前に完了した．

噴火の開始後は，推移や終息の判定が避難や立ち入り規制を解除する重要な判断材料となる．しかし，噴火の推移や終息は，前兆現象のように決め手になる材料が観測から直接得られることが少ないので，さまざまな情報を総合して判断せざるをえない．

有珠山2000年噴火の場合には，噴火は開始後の2日間が最も激しかった．噴火前に高まった火山性地震の活動も噴火開始後の数日間で低下した．そこで，火山噴火予知連

表2.2
有珠山 2000 年噴火に対する予知と防災対応 [井田喜明:噴火予知, 火山の事典(第2版), 朝倉書店, 2008 より]

月/日	火山現象
3/27	火山性地震の開始
3/28	
3/29	
3/31	西山火口で噴火開始
4/01	金毘羅火口で噴火開始
4/12	
5/22	
7/10	

表2.3
三宅島 2000 年噴火に対する予知と防災対応 [井田喜明:噴火予知, 火山の事典(第2版), 朝倉書店, 2008 より]

月/日	火山現象
6/26	群発地震と地殻変動開始
6/27	近海で海底噴火
7/初	
7/04	山頂で微小な地震開始
7/08	山頂で小噴火, 陥没
7/14	爆発, 噴煙高度 1.5 km
8/10	爆発, 噴煙高度 8 km
8/18	爆発, 噴煙高度 15 km 山麓まで噴石が飛ぶ
8/24	
8/29	爆発, 噴煙高度 8 km 山麓まで低温火砕流
8/31	
8/末	山頂から大量の火山ガス
9/初	
10/6	
2005 2月	

気象庁・予知連絡会の見解	防災対応
噴火発生の可能性[緊] 数日以内に噴火の可能性[緊]	有珠山周辺に避難指示
噴火は北西山麓に限定(統) 噴火活動は下降傾向(統) 噴火は終息に向かう(統)	山の東側などで避難解除 避難区域の縮小 火口近傍を除き避難解除

[緊]は火山噴火予知連絡会の幹事会見解に基づく緊急火山情報, (統)は火山噴火予知連絡会の統一見解を示す.

マグマ上昇, 噴火が切迫 島内で噴火の可能性小	島の南部で避難 避難指示の解除
山頂で小噴火の継続も 噴火は火口の崩落のため 噴火は終息方向か 強い爆発で噴石 爆発と崩落の関係不明 危険な爆発が続く可能性	住民の間で自主避難
噴火で不慮の災害の可能性	
	全島避難の指示と実施
有毒な火山ガスの放出	
	避難指示の解除

絡会は4月12日に噴火は北西山麓に限定されるという見解を出し，それに基づいて避難の対象地域が縮小された．その後も，噴火活動が下降傾向にあること，終息に向かっていることが見解として順次出され，避難地域は段階的に縮小された．

この事例では，噴火の開始から終息に至るまで，予知が防災と連携して順調に進められたが，そこには幸運な事情

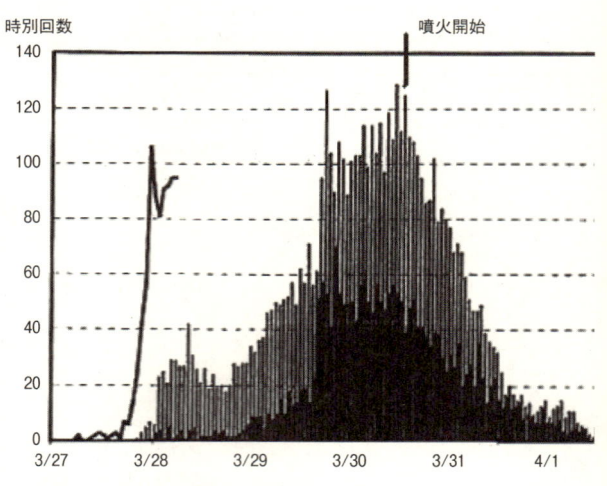

図2.10 有珠山2000年噴火の開始前後に観測された火山性地震の1時間あたりの回数．回数の分布は振幅によって3つに分けられている．[井田喜明：噴火予知，火山の事典（第2版），朝倉書店，2008より]

が働いた．まず，火山性地震の多発は，一般には必ずしも噴火の発生と結びつかないが，有珠山の場合にはふたつの相関が高いことが経験的に知られていた．また，噴火はしばしば様式や発生地点を変えるが，それも起こらなかった．

　噴火予知の現在の実力では，この事例で見られたような対応ができるのはむしろ限られた場合である．

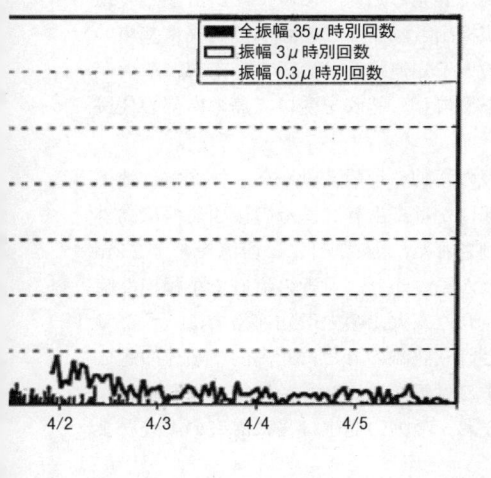

b. 三宅島の噴火

　三宅島の噴火は多くが山腹噴火で，粘性の低い玄武岩質溶岩を山頂の周りに放射状に伸びる割れ目から噴出する．時には，山腹噴火の後に山頂噴火が続くこともある．最近の噴火は1940年，1962年，1983年とほぼ20年の間隔で繰り返されてきたので，2000年の噴火の頃には噴火が近いという認識がいきわたっていた．島内には噴火の経験者も多かった．

　2000年の噴火は6月末に始まった（表2.3）[24]．6月26日夕方に火山性地震が群発し始め，同時に傾斜計などで地殻歪の顕著な変化が検出された．この観測データに基づいて，気象庁と火山噴火予知連絡会は，三宅島南部に噴火が切迫していることを警告し，それを受けて島の南部の住民が北部へ避難した．

　火山性地震の震源の移動や地殻変動から，マグマは地下深部から三宅島南部にかけて上昇し，その後西北西に島外まで移動したと推測された．翌27日には西海岸の1.2 km沖合で海面に変色水が見つかり，付近の海底で小規模な噴火が起きたと解釈された．火山噴火予知連絡会は，マグマが西方に移動したという認識のもとに，島内で噴火の起こる可能性は低いとする見解を発表し，数日後には避難の指示も解除された．なお，噴火の発生は後に海底の調査によって確認された．

　これで噴火は終息したと判断されたが，7月4日頃から今度は山頂直下で微小な火山性地震が多発し始めた．この

地震活動の意味が判断できないでいる間に，7月8日に火山性地震は急増し，夕方には山頂で水蒸気爆発が発生した．翌朝になると，この噴火によって山頂の直径900 mの範囲が200 mほど陥没し，大きな火口（あるいは小規模のカルデラ）が生じていることが判明した．

ところが，噴火はそこでは止まらず，山頂の活動は次第に激しさを増した．8月15日には，噴煙が高さ15 kmまで上がり，噴石が山麓まで飛んだ．8月29日の噴火で出た噴煙は，重い部分が低温火砕流として山腹を流れ下り，一部は海岸まで達した．

噴火活動に合わせて山頂の陥没も進行し，最終的には直径が1.5 km，容積が4×10^8 m^{3}のすり鉢状の窪みが山頂に形成された．三宅島では1000年に一度程度の頻度でしか起こらないカルデラの形成が進行していたのだ．

噴石や火砕流など，噴火は危険な現象を起こすようになっていたが，予想外の噴火の展開に，現状を正しく認識し展開を見通すことがむずかしくなった．火山噴火予知連絡会は8月31日の見解で，予測できない現象で不慮の災害が生じる危険性があることを警告した．この見解を受けて，9月初めに全島民に島外への避難が指示された．

9月以降は爆発的な噴火がほとんど見られなくなったが，今度は二酸化硫黄などの有毒な火山ガスが多量に出始めた．そのために安全に生活できる環境が失われ，島民は長期にわたって島外で避難を続けることを強いられた．火山ガスの噴出量の減少は緩慢で，火山ガスと共生すること

を前提にして避難指示が解除されたのは，2005年2月のことだった．

この噴火では，当初は山腹に向けたマグマの活動が把握され，迅速に予知情報が出されたものの，山頂噴火の時期になると，火山の活動に関する適切な認識や見通しが持てなくなった．経験のない稀な出来事には，対応がやはりむずかしかった．

c. 噴火の短期的な予知の問題点

微小な水蒸気爆発は別として，マグマの噴出をともなうような顕著な噴火の前には，何らかの前兆現象がほぼ確実に捉えられる．この点は，前兆現象がなかなか捉えられない地震予知に比べて大きな強みである．

しかし，前兆現象に頼る予知には明確な限界があることも認識されてきた．観測にかかった異常現象が本当に噴火の前兆現象であるかどうかを判定することは，噴火予知の場合にも簡単ではない．

例えば，活動的な火山では，火山性地震が群発することはそれほど珍しいことではないが，その多くは噴火を見ずに終息する．そのために，火山性地震の多発を頼りに噴火を予知しようとすると，予知の多くは空振りに終わる．有珠山や三宅島では，むしろ例外的に，火山性地震の群発が噴火と相関よく起きた経緯があったが，前兆となる群発地震の識別は一般にはむずかしい．他の前兆現象についても事情は同様である．

前兆現象だけからは，噴火の明確な時期はもちろん，規模や様式も予測できない．三宅島で見られたような活動の急変にも対応できない．このような限界を考慮して，観測データを単に前兆現象を捉えるために使うのではなく，火山の地下の状態を評価する手段として用いる方向に，噴火予知全体の流れが変わりつつある．

火山の内部の状態を把握するためには，マグマだまりの位置など火山の内部構造の知識が基礎になるので，最近の火山噴火予知計画では火山の構造探査が重視されている．また，過去の火山の活動に関するデータを充実させるために，噴出物の調査にも重点が置かれるようになった．

将来の噴火予知は，噴火過程の数値シミュレーションとも対比しながら，地下のマグマの動向を的確に把握する方向にいくものと考えられる．現状では，噴火の発生機構の理解が不十分であることなどから，そこに至る道筋はまだ見えてこない．

d. 噴火の中長期的な予知

火山のすべてが噴火するわけではなく，古い噴火活動の痕跡を地形に残すだけで，もう噴火の活力を失った火山も多い．噴火の中長期的な予知にとって基本的なのは，火山の中でどれが噴火を起こす活力があるかを判定することである．現在も活力を保って近い将来噴火を起こす可能性がある火山を活火山と呼ぶ．

世界中にはおよそ800の活火山があるとされる．日本国

図2.11 日本の主な活火山の分布．火山名に A がつけられているのは活動度が A ランクの活火山，火山名が記載されているのは B ランクの活火山である．それ以外の活火山は位置だけが示される．[気象庁: http://www.jma.go.jp/jma/ より]

知床硫黄山
羅臼岳
十勝岳A
摩周
有珠山A
樽前山A
雌阿寒岳
北海道駒ヶ岳A
恵山
渡島大島
岩木山
十和田
秋田焼山
岩手山
秋田駒ヶ岳
鳥海山
栗駒山
蔵王山
磐梯山 吾妻山
草津白根山
安達太良山
那須岳
新潟焼山
焼岳 榛名山
浅間山A
御嶽山
富士山
箱根山
伊豆東部火山群
伊豆大島A
新島
三宅島A

伊豆鳥島A

内では，気象庁が現在 110 火山を活火山と認定している[1]．その中には北方領土の火山や日本の領海内の海底火山も含まれる．図 2.11 は日本列島とその周辺の活火山であり，図の範囲外にも火山島などが存在する．現実には活火山であるかどうかの判定は必ずしも簡単ではなく，活火山の数は認定の方法によっても，火山に関する調査が進むことによっても，変わることがある．

ある火山が活火山であるかどうかは，比較的最近噴火したかどうかで判定するのが普通である[24]．最近噴火を起こしても今後は噴火しない可能性や，長期間噴火してなくても将来噴火する可能性は完全には否定できないが，噴火履歴以上に確実な判定方法は知られていない．日本など多くの国では，過去およそ 1 万年間に明確な噴火の履歴をもつ火山を活火山と認定している．

活火山と認定された火山の中には，ごく最近まで顕著な噴火を繰り返してきた火山がある一方で，長期間静穏で噴火しそうに感じられない火山もある．そこで，日本では活火山を活動度の高いものから A, B, C の 3 ランクに分類している[1]．分類の基準は，噴火の規模と頻度，および防災上の危険性を点数化したもので，それを過去 1 万年間と過去 100 年間について比較して，ランクが決められる．

活動度の最も高い A ランクの活火山は，有珠山，浅間山，伊豆大島，三宅島，阿蘇山，雲仙岳，桜島など，最近も顕著な噴火活動を見せる 13 火山からなる（図 2.11）．B ランクの活火山には，富士山や霧島山などの 36 火山が含

まれる．ただし，北方領土の火山や海底火山は判定のためのデータが不十分なので，分類の対象になっていない．

活火山の他に，休火山と死火山という用語がかつては使われた．しかし，いま静穏な火山がいつまでその状態を保つのか，あるいはもう噴火することがないのかは，現実には判定が大変むずかしい．そこで，現在は休火山と死火山の語は使わずに，活火山であるかないかだけを区分するようになった．

活火山の判定には1万年以内の噴火が考慮されるが，じつは数万年前には阿蘇山や桜島の近くでカルデラを造るような巨大噴火が発生した．同様な噴火がいま起きたら，九州全域が壊滅的な被害を受けると想定されるが，このような噴火については予知の立場から特別な配慮が払われていない．

巨大噴火も含めて，大規模な噴火は広域に災害をもたらすが，現在は火山を点として捉えており，火山の範囲を超えて災害が広域に及ぶ可能性も十分に考慮されていない．

2.5 前兆現象に基づく地震予知の試み

前兆現象を把握して短期的な地震予知を可能にしたいという願いは，地震災害を経験したどの国にも強い．その試みの代表的な事例を以下に取り上げる．それらはすべて1970年代から30年余りの間に起きたことである．そこから，地震予知の方法を確立することのむずかしさや，予知

に関する認識の推移を読み取っていただけるだろうか.

a. ダイラタンシー理論

ダイラタンシーは膨張を表わす語で,水を含む砂浜に見られる現象などに対してよく用いられる.ここでは応力を加えた岩石の膨張を問題にする[8].

実験室で岩石に応力を加えていくと,最終的には破壊が起こるが,その直前に岩石の膨張が見られる.これがダイラタンシーである.ダイラタンシーが起こるのは,岩石内に微小な破壊が生じて,空隙の体積が増えるためと理解される.水のある環境では,水は空隙の中に拡散していく.

この状態で岩石を通過する弾性波の速度を測ってみると,空隙のために縦波速度 V_p も横波速度 V_s も膨張する前より顕著に減少する.一般には V_p の減少の方が大きく,速度比 V_p/V_s も減少する傾向をもつ.

このことに着目して,ヌアーとショルツは1972～1973年に地震の直前予知の方法を提案した.地震を起こす大きな破壊の直前には,震源域やその周辺にたくさんの微小破壊が生じると想定され,その状態は地震波速度の変化を調べることで把握できるはずだというのである.この考えがダイラタンシー理論,あるいはダイラタンシー拡散理論である.

このような地震波速度の変化があれば,想定される地震の震源域を通る地震波について,その到達時間の観測を続けることで,地震の発生に導く変化を事前に検出できるは

ずである．V_pとV_sの各々を正確に決めることは必ずしも簡単でないにしても，その比V_p/V_sの変化はずっと容易に観測にかかると期待される．

ダイラタンシー理論は，地震の前兆現象を検出する方法を，明確な物理像に基づいて具体的に示したので，多くの地震学者が強い関心を抱いた．理論が提案されると，世界中で実証的な観測が行なわれ，ダイラタンシーが検出できたという報告が相次いで発表された．ついに地震予知が可能になったかと，多くの人たちが興奮した．

ところが，ダイラタンシーが観測できたとする報告を詳細に検討するうちに，観測の精度が問題視されるようになった．厳密な検証が進むにつれて，それに耐えられるような報告がほとんど残らないことが明らかになった．結果として，この理論は次第に人々にかえりみられなくなった．

ダイラタンシー理論は，地震予知実現の夢を世界中にまき散らしてから，またたく間に消えていった．理論のどこが悪かったのか，十分に検証されないままに．

b. 中国の地震予知

世界の地震の発生がプレート境界の近傍に偏る（2.2節b）のに，中国には異常に広い範囲に地震が分布する（図2.6）．これは，中国の南にあるプレート境界で，インドとユーラシア大陸が衝突しているためである（図2.5）．

プレート運動の歴史をたどると，インドは数千万年前には今の位置よりずっと南にあった．それがオーストラリ

ア・プレートに乗って北上し，北端の海溝にたどり着いたが，地殻の大きな浮力のために地下には沈み込めず，ユーラシア大陸と衝突した．衝突で強く押されて，境界付近にはヒマラヤ山脈が誕生した．衝突は中国の内部にまで変形を及ぼし，多くの地震を産んでいる．

ここで扱う海城地震（1975年，M7.3）と唐山地震（1976年，M7.8）は，震源が渤海の周辺にあり，衝突境界からかなり離れているが，やはり衝突の影響を受けている．しかし，地震活動は通常あまり高くない．

中国では，1966年に刑台市で発生した地震（M6.8）を契機に，国家の指導のもとに地震予知に取り組むようになった．地震予知の観測体制が整備されているわけではないので，予知には人海作戦で取り組まれ，宏観異常現象の観測も含めて可能なあらゆる方法が駆使された．

海城地震の震源は遼東半島の付け根付近にある[21][23][6]．この地震に先立つ1974年には傾斜変化が観測され，動物の異常行動などが報告された．この報告に基づいて，6月には1〜2年のうちに大地震が発生するという警告が出された．12月になると，地下水の水位の変化，湧水の出現，ラドン濃度の上昇，地震活動の空白域の出現などがあった．そこで，1975年1月中旬に地震発生の可能性に関する意見書が出された．

1975年1月30日になると傾斜方向が変化し，2月2日からは地電流にパルス状の変化が表われた．2月に入ると有感地震を含む微小地震（前震）の活動が始まり，観測さ

れる地震の数は3日の午後から4日の午前にかけて急増した（図2.12）．これを受けて，遼寧省の革命委員会は4日午前10時に臨震警報と防災指令を出し，住民100万人をキャンプに避難させた．海城地震（本震）の発生はその日の19時36分だった．適切な避難行動のために死者は1,000人余りに留まった．

海城地震の翌年には，約400 km南西で唐山地震が発生した[21][23]．この地震の前にも地殻変動，地電流，地下水，

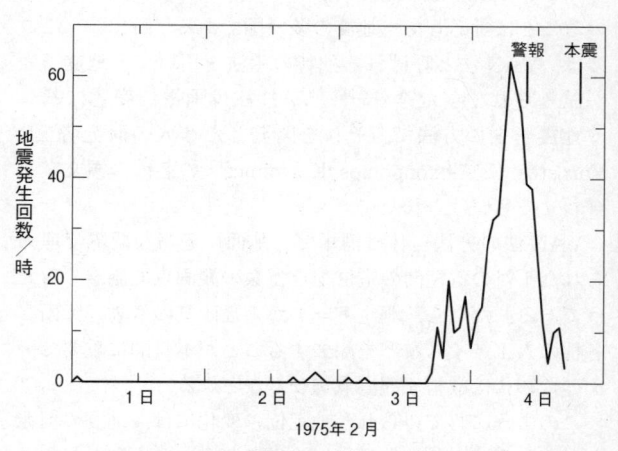

図2.12 中国の海城地震（1975年2月4日, M7.3）の前兆となった地震活動の高まり．この前震の活動などに基づいて，事前に地震（本震）の発生が警告された．[日本地震学会地震予知検討委員会編：地震予知の科学，東京大学出版会，2007より][佃為成：地震予知の最新科学，ソフトバンククリエイティブ，2007より]

動物の行動などに異常が検出されたが,直前に前震と見られる地震の活動がなく,予測情報が出されないままに地震に至り,甚大な被害が出た.

海城地震の予知は,世界で他に例を見ないような成功をおさめた.一方で,唐山地震の予知の失敗は,地震の直前予知のむずかしさを改めて突きつけるものとなった.

c. ギリシャの地震予知

ギリシャは,地中海でアフリカ・プレートが沈み込んでいることに対応して,地震の多い国である(図2.6).ここでは,VAN法と呼ばれる独特の手法を用いて,地震予知が試みられてきた[21][25][26].VAN法は地電位変化に基づく地震予知の方法で,それを開発した3人の研究者(P. Varostos, K. Alexonpoulos, K. Nomics)の名前の頭文字を合わせて名づけられた.

VAN法の方法自体は簡単で,地面に適当な間隔で埋められた1対の電極間の電位差を多数の観測点で測定するだけである.ただし,測定データから地磁気の変動,降雨,各種の人工ノイズなどを除去することが本質的に重要で,そのためには厳格な観測点選びがなされる.

このようにして得られた地電位の変化には,地震の前兆と見られるパルス的な信号が検出されるという.ただし,その信号はすべての観測点で得られるわけではなく,それが検出された観測点の分布から震源の位置が推定される.地震はパルス検出後の数日〜数週間以内に発生すると予測

され，地震の規模はパルスの大きさから震源までの距離を補正して求められる．

VAN法を用いて，この研究グループはペロポネソス半島ピルゴス市付近にマグニチュード6の地震が発生することを1993年1月30日に予測した[21]．この予知は的中して，3月5日には地震が発生した．予知に基づいて市長が避難命令を出したために，被害は軽微で済んだという．

予知がどの程度成功したかを判定するために，グループは，震央の誤差100 km以内，マグニチュードの誤差0.7以下の条件をつけて，パルス検出後の約1カ月以内に地震が実際に起きたかどうかを検証した[26]．その結果，1984年から1998年までに発生したマグニチュード5.5以上の12個の地震のうち，8個で予知が成功したと判定された．

このように見ると，VAN法は地震予知に輝かしい成果を上げてきたように思える．ところが，その成果については論争が絶えない[25][26]．VAN法に対する批判のひとつは成功基準の甘さにあり，偶然成功する可能性との比較が問題になっている．また，グループが予知情報を公表してきた方法にも異議が唱えられている．

地震によって地電流が生ずる原因としては，岩石内に存在する石英などの鉱物が圧力によってピエゾ電圧を生じる可能性がある．また，地下水の流れにともなう流動電位も地電流の原因となりうる．しかし，グループは地電流が生ずる原因を特定せず，地震の準備過程でどのようにして電流が生ずるのか，またそれがどのような過程を経て観測に

かかるのかも明確には説明しない．地震と観測される地電位の関係は，単に経験則として処理される．

新しい方法の開発に理論的な裏付けは必ずしも必要でないにしても，説得力のある理論を欠くことがVAN法の信頼性を疑う理由になっているのは否めない．また，観測点の選択や情報の取り出し方が職人芸的で，経験則に全面的に依存することも問題である．そのために，VAN法はギリシャ以外の地域に容易に導入できず，方法の独立な検証がなされていない．

日本にもVAN法を地震予知に活用しようとするグループがある．このグループが日本で地震の直前予知に成功したら，VAN法の評価はかなり変わるだろう．

d. パークフィールドの地震

米国の西海岸に平行に走るサンアンドレアス断層は，北米プレートと太平洋プレートの境界に位置し，横ずれが生ずるトランスフォーム断層である（図2.5）．トランスフォーム断層の多くは海底で海嶺の断片をつなぐ形で存在するが，サンアンドレアス断層は珍しくも陸上にある．なお，陸上のトランスフォーム断層はニュージーランドにもある．

サンアンドレアス断層では地震が繰り返し発生して，カリフォルニア州に大きな災害をもたらしてきた．特に，1906年のサンフランシスコ地震（M7.8）では，地震の揺れと火災によってサンフランシスコは壊滅的な被害を受け，3,000人が死亡した．

米国ではサンアンドレアス断層上のパークフィールドを実験場として用いて，地震予知のさまざまな実験を行なってきた[21][27]．パークフィールドはサンフランシスコとロスアンジェルスの中間地点付近にある．パークフィールドを挟んで，断層の南側は大きな地震の発生する固着域，北側は非地震性のすべりが起こる領域とみなされている．

パークフィールドでは，1857年から1966年にかけて，約22年の間隔でマグニチュードがほぼ6の6個の地震が規則正しく発生した（図2.13）．このなかで最後に発生し

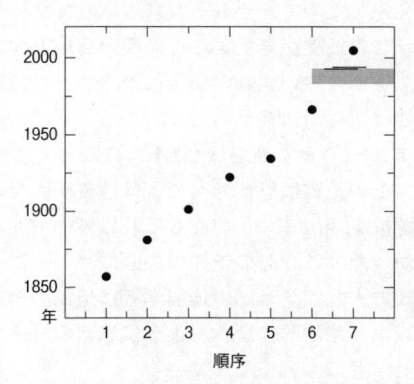

図2.13 パークフィールドで発生したM6クラスの地震の時系列．地震がほぼ22年の間隔で起きてきたことなどに基づいて，7番目の地震を予知しようとしたが，失敗した．影は予想された発生時期の範囲，横線は警報を出した2回の時期を示す．[日本地震学会地震予知検討委員会編：地震予知の科学，東京大学出版会，2007より][岡田義光：パークフィールド地震について：http://cais.gsi.go.jp/KAIHO/report/kaiho73/11_73.pdf より]

た 1934 年と 1966 年の地震は，震源の位置ばかりでなく，破壊の伝播方向もほとんど同じだった．ともに本震の 17 分前には M5 の前震が観測された．

そこで，1988 年前後に起こると予想される次の地震を予知しようと，地震，地殻変動，電磁気，地下水などの高密度の観測網が配備され，予知の体制が整えられた．しかし，予想された地震もその他の異常現象も観測されることなく，1988 年は過ぎていった．

その後，1992 年に M4.7 の地震が，また 1993 年に M4.8 の地震が発生したので，それぞれに対応して，今後数日間に M6 クラスの地震が発生する可能性が高いとする警報が出された．しかし，いずれの場合も予測された地震は起こらず，予知は空振りに終わった．

マグニチュード 6 の地震は 2004 年になってようやく発生したが，その地震は以前のものとは性質が異なるものだった．震源は 11 km 南で，前震もそれ以外の前兆現象も観測されなかった．こうして予知は失敗に終わった．

この予知の失敗で，米国の地震学者は地震の短期的な予知に必要以上に悲観的になったように思える．その影響は日本の地震学者にも広く及んでいる．

2.6　東海地震は予知できるか

東海地震とは駿河湾沿いで発生が予測されるプレート間地震である．この地震は国内の地震で唯一短期的な予知が

可能だとされている．地震の名称は通常発生後につけられるが，東海地震は名称が発生前につけられた点でも異例な地震である．東海地震に対しては，予知のために観測体制が特別に整備され，前兆現象を評価する体制や予知された場合の防災体制もきちんと法律で決められている．

東海地震が予知できるのならすばらしいことだが，ここまでに短期的な地震予知のむずかしさを学んできた立場から見ると，本当に予知ができるのだろうかという疑問も湧く．この節ではそれについて検証する．

a. むずかしいテクトニクス

まず，東海地震の発生が想定される駿河トラフとはどのような場所なのかを考えてみよう．南海トラフはフィリピン海プレートの沈み込み口となっているが，駿河トラフはその南海トラフの延長上にある海溝で，駿河湾に入りこんでその奥で消失する（図 2.14）．

東海地震の断層は駿河トラフから地下に入るプレート境界にあり，静岡県や愛知県の下に広がる．そこで，断層の真上で詳細な観測を行なうことが可能である．また，駿河トラフを挟んだ反対側には伊豆半島があるので，断層を囲むように観測点を配置できる．このような観測の有利さが東海地震を特別扱いする最大の理由になっている．

観測に有利なこの特異な状況はどうして生まれたのだろうか．伊豆半島は今では日本列島の一部になっているが，昔は南に浮かぶ島だったと考えられている．フィリピン海

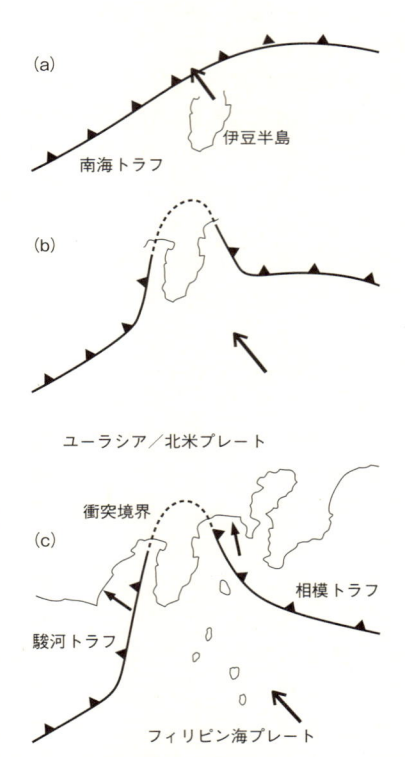

図 2.14 伊豆半島の衝突過程．フィリピン海プレートに乗って南方から運ばれてきた伊豆半島は，南海トラフに近づき(a)，日本列島と衝突して南海トラフを押し曲げた(b)．現在(c)も衝突は続いている．伊豆半島の東側（相模トラフ）では 1923 年に大正関東地震（M7.9）が発生し，西側（駿河トラフ）では東海地震の発生が予測されている．

プレートに乗って北上し，数百年前に南海トラフの位置まで運ばれてきた（図2.14）．

ところが，陸の地殻は沈み込めないので，伊豆半島は日本列島に衝突することになった．インドのユーラシア大陸への衝突（2.5節b）と同様な大陸の衝突が，ずっと小規模な形でここでも起きているのである．伊豆半島の北西方向への移動とともに，トラフは大きく陸側に曲げられ，現在のような形状になったと推測される．背後に日本アルプスが造られたのも，ヒマラヤ山脈と同様な衝突の効果であろう．

伊豆半島から見て駿河トラフの反対側には相模トラフがある．関東大震災を起こした大正関東地震はここで発生した（2.8節b）．関東地震と同じように，駿河トラフでも東海地震が起きて不思議はない．地震が関東地震と同様な規模で起これば，こちらも陸に近いだけに，大きな災害を起こす可能性が高い．東海地震の予知が重要な社会的意味をもつのはこのためである．

しかし，伊豆半島の衝突に断層運動が強い影響を受ける恐れも少なからずある．プレート間地震を予知する上で最大の強みになるのは，一定速度で沈みこむプレート運動が地震の発生を制約することである．しかし，東海地震の場合には，地震の発生間隔も含めて，その制約が衝突によってかなり乱される可能性がある．観測の有利さの代償として，テクトニクスの複雑さを背負い込むことになるのである．

b. 東海地震の予知体制

東海地震に対して特別な措置が取られるようになった出発点は,石橋克彦が1976年に発表した仮説である[21].石橋は,1854年の安政東海地震で震源域が駿河湾の奥まで延びたこと,1944年の東南海地震では駿河湾は震源域にならずに空白域として残されたことを指摘して,東海地震が明日起きてもおかしくないと予測した.

この予測は社会に大きな衝撃を与えた.それを受ける形で,1978年に大規模地震対策特別措置法が成立し,東海地震への対応が決められた.1979年には,東海地震発生の可否を直前に判定して防災行動を促す役割を担って,地震防災対策強化地域判定会(判定会)が気象庁に設置された.判定会は地震学に通じた数人(現在は6人)の学識経験者で構成される.

観測によって異常が検出された場合には,判定会がただちに招集されて観測内容の検討に入る.検討の結果として東海地震発生の恐れがあると判断された場合には,内閣総理大臣から警戒宣言が発令され,あらかじめ定められた防災計画などに沿って防災対応がとられる.

予知の基礎になる前兆的な異常を検出する目的で,地震波を観測する地震計,地殻変動を観測する体積歪計,伸縮計,傾斜計,GPS測距儀,地下水の水位を測る水位計など,各種の観測計器が駿河湾の周辺に高密度で設置されている.その中で気象庁が特に重視するのは高感度の体積歪計である.地震の直前には応力集中を反映するような前兆的

なすべりが起こるはずだと推測されるので，その前兆すべりを体積歪計で捉えようと意図するのである．

判定会は観測に特に異常がなくても毎月開かれ，現状について検討してその結果を発表する．今までに前兆とみなされる明確な異常が捉えられたことはなく，東海地震が発生する気配は今のところ見られない．

c. 予知のあり方の問題点

東海地震に対する特別な対応が決められたのは，1970年代後半である．この年代の前半にはダイラタンシー理論が唱えられ，1975年には中国が海城地震の予知に成功した（2.5節 a, b）．まさに世界中で地震予知の実現が楽観視されていた時期だった．

東海地震の制度の策定にはこのような時代的な背景が大きく影響したものと考えられる．その後，地震の直前予知に対してむしろ悲観的な見方が広まったために，東海地震だけが特別扱いを受ける結果になったのだろう．

法律に基づく東海地震への対処は現在も変わっていないが，東海地震に対する理解には変化が見られる．過去の地震活動の歴史から，東海地震の断層域が単独で活動した記録はない．東海地震は東南海地震などと連動して起こる可能性が高い（2.8節 a）．

東海地震の予知に観測上の利点があることは既に述べたが，それ以外にこの地震を特別扱いする理由はない．逆に，伊豆半島の衝突の効果は，他のプレート間地震の予知

が持たない面倒な要素となる.

　東海地震は近いうちには起こらないかもしれないし,起きても前兆現象に頼る予知が抱える不確定さは,他の地震と同じように問題になる.地震発生前に前兆すべり（あるいは他の前兆現象）が検出できない可能性があり,逆に,前兆すべりが地震の発生につながらない可能性がある.前兆すべりと地震発生の時間間隔には制約がないから,前兆すべりの検出から時間が経過しすぎて,警戒宣言が解除された後に地震が起こる可能性もある.

　こう考えると,東海地震だけは直前予知ができるとする主張には,論理に無理がある.東海地震が予知できるのなら,他の地震だって予知できる場合があるだろうし,他の地震が予知できないというのなら,東海地震だって予知はむずかしい.この意味で,気象庁の解説資料に「東海地震の直前予知は,できる場合とできない場合があります」とはっきりと書かれてあるのはよい[1].

　論理的な整合性からいえば,東海地震の予知体制を見直して,廃止したり抜本的に改定したりするのが正しい.しかし,このままの体制でつき進むのも必ずしも悪いことではなかろう.座していては何も進まないから,行くところまで行って貴重な経験を積むのは悪くない.

　もし幸運にも東海地震の予知に成功したら,地震予知の推進に大きなはずみがつくだろう.予知が失敗する可能性も小さくないが,その場合でも研究上,防災上で学べることは少なくないはずである.

ただし，東海地震の予知体制をこのまま保持するのなら，予知が失敗する可能性にも十分な配慮が必要である．予知が想定通りに進まないケースにどのような可能性があるのか，その各々にどう対応するのかを十分に検討し，それについて住民に周知しておく必要がある．予知がうまくいくことを前提に組まれている今の制度は，そのまま運用を続けたら危険である．

2.7 阪神淡路大震災とその後の改革

阪神淡路大震災の発生は，日本の地震予知のグループにとって衝撃的な出来事だった．東日本大震災の経験を十分に活用するためにも，地震の発生やその後の経緯を振り返ることは重要である．この節では，阪神淡路大震災について概観した後で，それが地震予知に関連する制度や学術研究にどのような影響を及ぼしたかについて検証する．

a. 阪神淡路大震災

阪神淡路大震災をもたらした兵庫県南部地震は，1995年1月17日午前5時46分に発生したマグニチュード7.2の内陸地震である[1]．震源は明石海峡の地下にあり，余震の分布から見ると，断層はそこから南西側と北東側に全体として約60 kmにわたって拡大した（図2.15）．

本震のメカニズム解は東西圧縮の横ずれ型であり，余震も類似なメカニズム解をもつ（図2.15）．断層の走行から

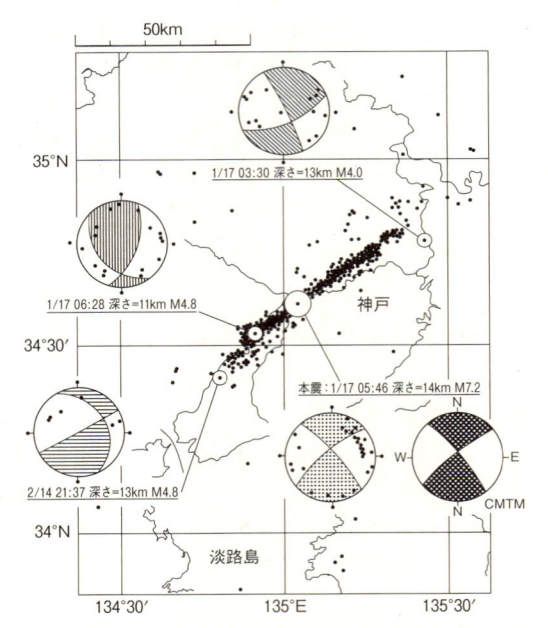

図 2.15 兵庫県南部地震の本震（1995年1月17日）と余震（1月17日0時〜2月16日15時）の震源．メカニズム解は本震（右側は波形の解析から決めたもの）と主な余震について示す．[気象庁：http://www.jma.go.jp/jma/ より]

見ると，断層にそってすべりは右横ずれ（断層を挟んで反対側が右側に動くような横ずれ）方向に起きたと考えられる（2.2節 a，図 2.3）．この推定と整合的に，南西側の淡路島では，野島断層に沿って南上がりの成分を多少もつ右横

2.7 阪神淡路大震災とその後の改革

ずれの地割れが地表に出現した.

北東側の神戸市では,地表に明確な断層は見られなかったが,強い揺れが幅2km程度の帯状の地域に集中した.この時はまだ古い震度システムが使われており,地震後の調査で神戸市や淡路島北部に震度7の地域が見出された.震度7の地域は余震が密集する領域とほぼ重なる.

地震の発生が早朝であったために,火災の被害は少なかった.しかし,強い揺れのために多数の家屋が倒壊し,それが死者を出す主な原因となった.神戸市では高速道路も一部が倒壊した.この地震による死者・行方不明者は全体で6,400人を超えた.

地震発生の半日ほど前に,最大でM3.5の前震がいくつか観測された.16日の18時台に3つ,23時台に1つである.前震の震源は本震とほとんど同じ位置にあり,メカニズム解も本震のものと極めて類似している.したがって,これらの前震が本震の準備過程で生じたことは間違いない.ただし,この前震の存在は本震発生後に認識されたことである.

地震の発生後には,前震以外にも宏観異常現象などの前兆現象の可能性がいくつか指摘された[23].また,この地域には活動的な活断層,有馬-高槻-六甲断層帯が存在することについても注意が喚起された.しかし,地震発生前の一般の認識では,この地域は地震が起こる可能性の低い場所のはずであった.地震の予知は短期的にも中長期的にも完全に失敗した.

b. 緊急地震速報

阪神淡路大震災後の 1996 年から,気象庁による震度の定義が 10 段階に細分化され,震度計によって自動的に計測されるようになったことは既に述べた (1.1 節 b). この自動化によって,地震発生直後に各地の震度が発表されるようになり,その値も客観性をもつものとなった.

さらに,気象庁は 2006 年に新たに緊急地震速報を導入した. その原理は単純だが,実際の導入には情報の迅速な処理と伝達を可能にする技術が必要だった. 制度の発足には,地震予知ができないのならせめて強い揺れの到来する直前にそれを予告しようという意図が感じられ,やはり阪神淡路大震災の影響が認められる.

緊急地震速報の原理は,最初に到達する P 波よりも後に続く S 波の振幅が 3 倍ほど大きく,その後に続く表面波はさらに振幅が大きくなりうるという事実である. S 波が P 波より大きな振幅をもつのは,地震の原因が断層に沿う横ずれであって,主に横波を出すからである. 表面波は地面に沿って伝わるので,全方向に波を放射する P 波や S 波よりも距離による減衰が小さく,遠くにいくほど相対的な振幅が大きくなる.

縦波である P 波の速度と横波である S 波の速度には 1.8 倍前後の差があるので,震源から 20 km も離れると,P 波と S 波の到達時間には 5 秒程度の差が生じる. 時間差は震源からもっと離れるとさらに大きくなる. そのために,P 波の検出直後に S 波などの到来を予測情報としてすみや

かに発信すれば,防災への活用を図ることも可能になる.

この方法は,地震による新幹線の被害を防ぐためなどの目的で,鉄道などの特殊な分野では以前から使われていた.緊急地震速報として一般に情報が公開されるようになったことで,医療や危険な作業をともなう現場などに広く活用することが可能になった.

2011年3月11日に東北地方太平洋沖地震が発生した時も,緊急地震速報は出された.ただし,震源域の大きな広がりが認識されていなかったことなどの理由で,速報で予測された震度は過小評価気味であった.

c. 予知計画の見直し

阪神淡路大震災の発生を受けて,地震予知計画にも見直しが必要だとの認識が強まった.第7次地震予知計画が終了すると,1999年から基礎研究を重視する「地震予知のための新たな観測研究計画」が始まった[28].

この新しい計画には,地震発生の確率の算出を中心に据えて,中長期的な予知に計画の重点を移す姿勢がうかがえる.ただし,東海地震の予知などを念頭に,前兆現象の把握による直前予知の実現も放棄されていない.さらに,GPSなどの観測を強化して,地震発生の基礎となる応力場の変化を予測するモデルの構築がうたわれており,これが計画の新しい目玉になった.

地震予知の従来の流れとは別に,総合的な地震防災対策を推進するために,1995年7月に地震防災対策特別措置法

が議員立法によって制定され，地震調査研究推進本部がつくられた[7]．この組織は，活断層やプレート間地震などについて独自の予算で精力的に調査や観測を実施した．また，その中に設けられた地震調査委員会では，地震発生の確率予測などを中心に，予知に関係する活動を行なってきた．

地震予知や地震防災の対象としては，南海トラフ沿いのプレート間地震（2.8 節 a）が重要視されるようになり，その切迫感は東日本大震災の発生を受けていっそう高まった．この場合にも，南海地震や東南海地震の連動によって，極めて大きな津波が沿岸部を襲う恐れがある．

d. 学術研究の進歩

阪神淡路大震災に直接起因するわけではないが，兵庫県南部地震が発生した頃から現在にかけて，地震予知に関連する新しい発見や研究の展開が見られた[21][3][4]．

まず，強化された観測体制を活用して，断層に沿う多様なすべりや震動が見つかった．通常の地震よりもゆっくりとすべって，地震動の割に大きな津波を出す津波地震については既に述べた（1.4 節 c）が，さらにゆっくりとすべってほとんど地震波を出さず，地殻変動だけに観測されるようなすべり（スロースリップ）の存在も判明した[16]．

その一例として，浜名湖付近の地下で 2000 年から 2004 年にかけて年間 1 cm 程度の速度でフィリピン海プレートの運動が緩和されたことが，GPS 観測によって見出され

た[21]. この「東海スロースリップ」は，東海地震の前兆すべりとの関連で詳細に検討され，東海地震を準備する過程の一環ではあるにしても，予知の手段として想定される「前兆すべり」とは異なる現象であると認識された.

南海トラフ沿いには東南海地震や南海地震が繰り返し発生してきた (2.8 節 a) が，その断層の先端付近では周期 0.1〜2 秒程度の微小な震動が長時間継続していることが判明した. 精密な傾斜観測によって，この「深部低周波微動」には発生場所が移動するスロースリップがともなうことも見つかった.

地震の発生過程の解析には，アスペリティーの概念がよく用いられるようにがなった (3.4 節 c). アスペリティーとは，断層面上に分布するすべりの起こりにくい部分のことである. 通常は固着しており，そこに応力が集中して固着状態が解除されることで地震が起こると理解されている. 地震は同じ場所で繰り返されることが多いが，それは固有なアスペリティーの存在によると解釈された.

断層面に沿うすべりに地震を起こすものと起こさないものがあることが明確に意識されるにつれて，それを断層面上の摩擦によって説明しようとする試みもさかんになった. 動摩擦係数がすべり速度ばかりでなく時間にも依存すると考えることで，その定数の選択でスロースリップもアスペリティーも表現できることが示された (3.4 節 d). 摩擦則を用いて，南海トラフ沿いで起きた地震の系列を数値シミュレーションで解明しようとする試みも現われた.

摩擦則に基づいて地震の相互作用の可能性を評価する方法も注目に値する. 破壊がアモントンの静摩擦法則 (3.4節 d) に支配されるとして, ある地震の結果として生ずる応力の変化が, 別の地震の発生を促進するか抑制するかを, クーロン破壊関数変化量 (ΔCFF) を用いて評価するのである. この方法を用いて, 誘発地震が発生する理由が理解されるようになった (1.3 節 d).

これらの観測や研究の成果が地震予知にどう役立つのか, まだ明確な道筋は見えていない. 3章では, この問題についてもさらに検証を進める.

2.8 注目される地震と火山

現在, いくつかの地震や噴火の可能性について人々の関心が高まっている. その中で南海トラフ沿いの巨大地震, 首都圏の地震, 富士山の噴火を取り上げて, 地震や噴火の性質と予知に関連する問題を概観する.

a. 南海トラフ沿いの巨大地震

南海トラフは中部日本や四国の南を走る海溝である (図 2.7). そこではフィリピン海プレートがほぼ北西方向に沈み込んでいる. ただし, 沈みこみの歴史が新しいために, プレートの先端は 200 km 程度の深さにしか達していない. また, プレートが形成されてから沈み込むまでの期間が短いために, 日本海溝で沈み込む太平洋プレートなどと

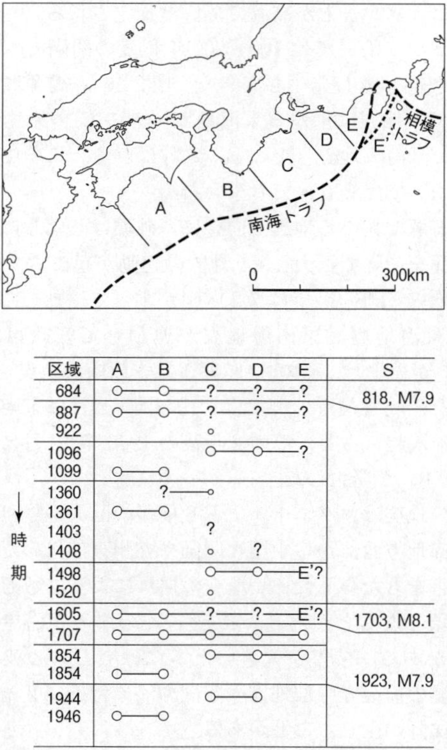

2.8 注目される地震と火山　　139

区域	A	B	C	D	E	S
684	○—	—○—	—?—	—?—	—?	818, M7.9
887	○—	—○—	—?—	—?—	—?	
922			○			
1096						
1099	○—	—○—	—○—	—○—	—?	
1360						
1361	?	—○—	—○—	—○		
1403			?			
1408			○	?		
1498			○—	—○—	—E'?	
1520			○			
1605	○—	—○—	—?—	—?—	—E'?	1703, M8.1
1707	○—	—○—	—○—	—○		
1854			○—	—○		
1854	○—	—○				1923, M7.9
1944			○—	—○		
1946	○—	—○				

(左側：時期 ↓)

図 2.16 南海トラフ沿いで発生したプレート間地震の発生経過。南海地震はAとBの領域で，東南海地震はCとDの領域で，東海地震はEの領域で発生するものをさす．比較のために，Sの領域で発生した関東地震も示す．[杉村新・中村保夫・井田喜明編：図説地球科学，岩波書店，1988 より]

比べると，プレートが高温で薄いと推定される．

南海トラフ沿いでは100〜200年程度の間隔でプレート間地震が繰り返し発生してきた（図2.16）．震源域の位置によって，地震は東から東海地震（図のE），東南海地震（CとD），南海地震（AとB）と呼ばれる．この中で東海地震については2.6節で考察した．

日本海溝で起こる地震と同様に，破壊はしばしばこの3つの範囲を超えて拡大して，地震の連動が起こる．1707年の宝永地震（M8.6）では，3区画がすべて連動した．1854年には東海地震と東南海地震が連動して安政東海地震（M8.5）が発生し，その32時間後に安政南海地震（M8.6）が続いた．一番最近の例では，1944年12月に東南海地震（M7.9）が起こると，その2年後の1946年12月に南海地震（M8.0）が発生した．

一連の地震はマグニチュード8前後の巨大地震だったので，中部地方西部から中国・四国や九州東部にわたって深刻な災害をもたらした[9]．地震の揺れによって数万個の家屋が倒壊したことがあり，20m近くの津波が沿岸を襲ったことがある．被害が大きいときには数万人の死者が出た．地震の前後で中部地方や四国の海岸付近に2m前後の隆起や沈降が生じたことがある．

南海トラフ沿いの地震は，連動する可能性も含めて，いずれかの形で今後30年以内に90%の確率で起こると予測される[7]．この数値の是非は別にしても，過去の地震発生の歴史から見て，地震がかなり切迫していることは間違い

ない.

　防災上で特に重要なのは，沿岸を襲う津波の予測である．予想される津波の到達時間や高さは，地震を起こす断層やすべりを想定すれば，防災に十分な精度で予測でき，予測は既にいくつかの機関で試みられている．問題はどのような断層やすべりを想定するかにあるが，多くの見積りでは最大規模の地震に対応する最悪の事態が想定されているようである．

　地震の揺れへの対応としては，大きな地震に特有な長周期の地震動に対する警戒も必要である．長周期の揺れは，特に高層ビルなどの大規模な施設に被害を及ぼす恐れがあるが，地震波の伝播が断層の大きさとすべり量でほぼ決まるので，短周期の揺れよりも一般に予測が容易である．

　地震予知との関連では，次の地震がどの断層で起こるのか，連動の可能性も含めて予測を試みたらどうだろう．地殻変動の観測データなどから応力をどう見積るのか，スロースリップが地震の準備過程にどう関わるのかなど，観測やシミュレーションにとって興味深い問題は尽きない．ここは地震予知にとって魅力的な実験場となりうる．

b. 首都圏の地震

　東京を中心とする首都圏は，人口や重要施設の密集度から見て，地震による災害に最も警戒が必要な地域である．被害は人命や建造物などの損傷に留まらない．地震の影響で政治や経済の活動が麻痺して，日本中，もしくは世界中

に大きな混乱が生じる恐れがある.

過去に首都圏に重大な被害をもたらした地震は,周辺で起こるM8クラスの巨大地震と,震源がさらに首都圏に近接するM7クラスの直下地震に分けられる(図2.17).首

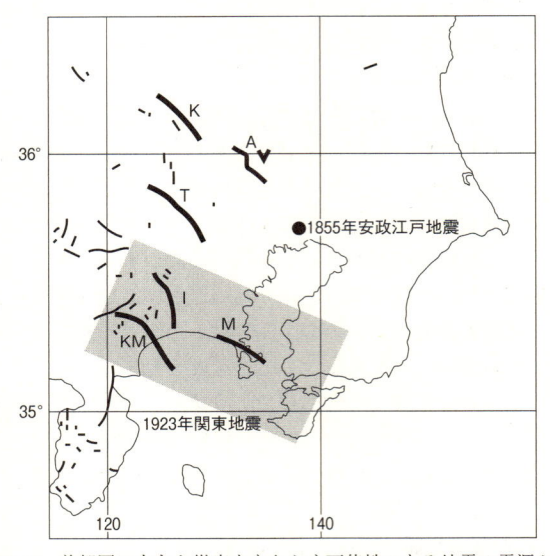

図2.17 首都圏に大きな災害をもたらす可能性のある地震の震源や断層.過去の実績として,大正関東地震(1923年)の震源域と安政江戸地震の震央の位置を示す.Kは関東平野北西縁断層,Aは綾瀬川断層,Tは立川断層,Iは伊勢原断層,Mは三浦半島断層,KMは神縄・国府津–松田断層.[瀬野徹三:首都圏直下型地震の危険性の検証:本当に危険は迫っているのか,地学雑誌,116, 2007 より]

都圏の下には太平洋プレートとフィリピン海プレートが沈み込んでいるので，直下地震については，地殻浅部で起こる内陸地震に加えて，ふたつのプレートの内部や境界で起こる地震もその候補になりうる．

江戸が日本の中心になった17世紀以降に，M8クラスの巨大地震は2度首都圏を襲った[9]．1703年の元禄関東地震（M8.1）と1923年の大正関東地震（M7.9）であり，ともに相模トラフに震源をもつプレート間地震であった．これらの地震にともなって，相模湾の周辺には高さ10m前後の津波が到来した．

元禄関東地震では，南房総や小田原など相模湾を囲む地域で家屋の倒壊や液状化が見られ，2,300人以上の死者が出た．地震によって三浦半島突端が1.7m，房総半島突端が3.4m隆起した．しかし，江戸の震度は5～6程度だったと推定され，建物などが倒壊したものの，被害は比較的軽微だった．

関東大震災を起こした大正関東地震は1923年9月1日11時58分に起きた．地震発生時に多くの家庭で昼食の準備をしていたので，火事が発生して広範囲に広がり，主にそれが原因で14万人余りの死者・行方不明者が出た．この地震にちなんで9月1日は防災の日と定められた．

M7クラスの直下地震の方は17世紀以後に4回起きた．そのなかで小田原と丹沢に震源をもつ地震を除くと，1855年の安政江戸地震（M6.9）と1894年の東京地震（M7.0）が残る．2つとも震源は東京湾の北部にあったと推定さ

れ，被害は主に荒川や隅田川の周辺に集中した．ただし，これらが内陸地震なのか，もっと深部のプレートに起因するものなのかについては諸説がある．死者は安政江戸地震で4千人余り，東京地震で約30人だった．

歴史的に知られているこれらの地震に加えて，首都圏の周辺には綾瀬川断層，立川断層，伊勢原断層，三浦半島断層などの活断層の存在が知られている（図2.17）．これらの活断層や未知の活断層で起こる地震が，首都圏に大きな揺れをもたらす可能性もある．

地震調査委員会は，最近首都圏とその周辺で起きたM7クラスの地震の間隔が23.8年であると算定して，それに確率分布を適用し，今後30年間に首都圏直下で地震が起こる確率は70%であると見積った[7]．しかし，過去に起きた地震の多様性を考えると，この見積りは地震の発生過程を単純化し過ぎているように思われる[29]．

東北地方太平洋沖地震が起こると，その後で東北地方やその周辺で地震が多発するようになった（1.3節d）．関東でも小規模の地震の頻度が7.3倍に増えたという．それを地震の規模と頻度の関係（3.2節a参照）にあてはめると，首都圏直下地震の発生確率は4年以内に70%になるという[12]．だが，地震の多発が余震のように一時的なものなのか，もっと恒久的なものなのかは定かでない．

c. 富士山の噴火

日本の火山は，最近全体としては静穏であり，広く社会

の関心を引く噴火は起きていない．しかし，活動的な状態にある火山もいくつかある．

桜島は小規模な爆発を 1 日に数回程度の頻度でくり返している．爆発によって噴石が火口周辺に飛び，鹿児島市などには降灰が見られる．また，霧島山では 2011 年初めに火砕丘のひとつである新燃岳から溶岩を噴出した．噴火は時に強い爆発をともなって火口周辺に噴石を飛ばし，広域に火山灰を降らせた．現在もマグマの蓄積を表わすと思われる膨張が観測されている．

いつの時代でも，日本の火山で社会的な関心が圧倒的に高いのは富士山である．富士山はランク B の活火山（2.4 節 d）に分類され，噴火などの活動度が特に高いわけではない．しかし，秀麗な姿で日本の象徴とされていること，山体が大きくて大規模な噴火を起こす活力をもつこと，近接する首都圏に噴火が影響する恐れのあることなどが，関心の高さの理由となる．

現在の富士山（新富士火山）は，小御岳山，古富士山などの古い山体を覆う形で約 1 万年前に成長が始まった．噴火活動は山頂噴火が顕著な時期と山腹噴火が顕著な時期から成り，それらが数千年程度の間隔で繰り返されたらしい[30]．山腹の噴火は主に山頂の北西側と南東側で起き，そのために山の形は円錐からはずれて北西側と南東側に広がりが大きい（3.6 節 a 参照）．

富士山で噴火を起こすのは流動性の高い玄武岩質マグマである．最近 1000 年間は山腹の活動が活発な時期にあた

る.特に大規模な活動は,864〜866年の貞観噴火と1707年の宝永噴火である.その間の9〜16世紀には,山頂で小規模な噴火が何度か繰り返された.宝永噴火以後は静穏な状態にある.

貞観噴火は北西山腹に多量の溶岩を流して青木が原を生み出した.宝永噴火の方は爆発的で,南東山腹に3つの火口をつくって,火山灰やスコリアなどの火山砕屑物を大量に噴出した.火山灰などの噴出物は噴煙となって高く昇り,偏西風に運ばれて主に東側に堆積した(図2.18).厚さ

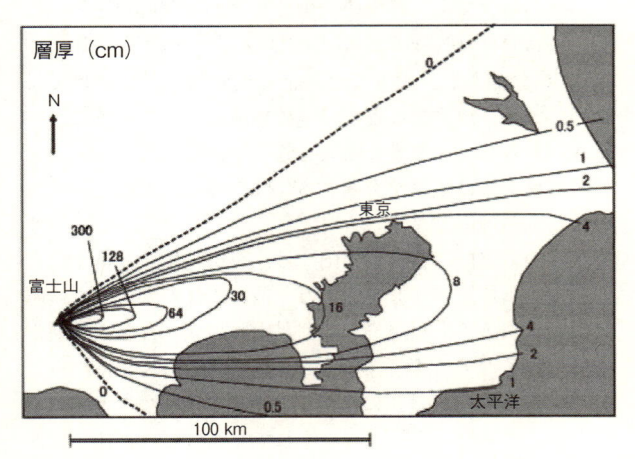

図2.18 富士山の宝永噴火(1707年)による降灰の厚さ分布.偏西風に運ばれて,火山灰などの火砕物は富士山の東側に堆積した.[中央防災会議:1707富士山宝永噴火, http://www.bosai.go.jp/chubo/kyokun/1707-hoei-fujisanFUNKA/ より]

10 cm 前後の火山灰の堆積は江戸にも見られた.

宝永噴火と同様な噴火がもし現在起これば,降灰によって首都圏でも交通や通信などに障害が出ると予想される[31]. そのために首都圏の機能が深刻な影響を受ける可能性もある.

現在富士山は静穏な状態に保たれている. 山頂の真下10 km程度の深さでは,火山性地震の中では周期の比較的長い(周期1秒前後)低周波地震が時々発生する. この低周波地震が活火山としての活動を示すほとんど唯一の兆候である.

しかし,富士山もいずれは噴火を再開すると考えられる. 2000年に長周期地震の活動が高まった折に,政府は,火山噴出物の新たな調査も加えて,富士山の噴火や災害のデータをまとめ,防災対応の指針やハザードマップを整備した.

宝永噴火が発生したのは南海トラフ沿いで宝永地震(2.8節 a)が起きた1月半後だったので,地震が噴火を誘発したと言われている. 地震の発生にともなう応力の変化が何らかの形でマグマの活動を高めることはありうるが,地震と噴火の相関は明確な形では実証されていない. 東海地震などによって富士山の次の噴火が誘発されるかどうかは,学術的にも興味深い問題である.

3章　予知の科学

　地震や噴火の発生機構に関する理解はまだかなり不十分なので，誰もが予知の科学として受け入れる内容は確立されていない．しかし，予知に新たな展開がもたらされそうだと予感させる材料は確かにある．

　地震予知との関連では，断層面の不均質を表現するアスペリティーの概念や，破壊の開始から地震発生後の断層の固着までを統一的に表現する摩擦則が最近注目を集めている．これらの枠組みを用いて，観測データに新しい解釈が加えられ，地震発生過程を定量的に理解する試みが進められるようになった．

　一方で，地震の発生はグーテンベルグ・リヒター則などの統計則を満たすことが古くから知られている．それを基礎に，地震現象はフラクタルの性質をもち，予測はカオスと呼ばれる強い不確定性をもつと考える研究者も少なくない．地震予知の科学は，これらの考え方も融合して，徐々に形を整えていくものと思われる．

　本章では，できるだけ基礎に立ちかえって地震や噴火の発生機構を検討し，上に述べた新しい概念や考え方にも触れながら，予知の可能性について考える．議論はここでも

地震予知を中心にすえ，噴火予知については関連する内容を最後にまとめる．

3.1 予知の可能性を考える比喩

予知がどこまで可能なのか，その認識は研究者の間でもかなり隔たりがある．噴火予知についてはその可能性に楽観的な見解をもつ人が多いが，地震予知には悲観論が一般的である．特に地震予知はできないと声高に主張する研究者がいる．

いったい，予知ができるとかできないとかいう主張は何を根拠にしているのだろうか．また，予知を阻む要因はどこにあるのだろうか．地震や噴火に関係する具体的な問題を考える前に，予知の可能性について簡単な比喩を用いて頭を整理しよう．

a. ボール投げ

我々の周囲で見られる現象の多くは力学法則の支配を受けている．物理で習う運動の法則によれば，ボールを投げ上げると，その運動は投げ出される速度と方向で完全に決まる．したがって，初速度と投げ出す方向がわかれば，ボールがどこを通ってどこまで到達し，それにどれだけの時間がかかるかは完全に予測できる（図3.1a）．抽象的な言い方をすれば，ボールの運動は因果律を満たして不確定性なしに決定される．

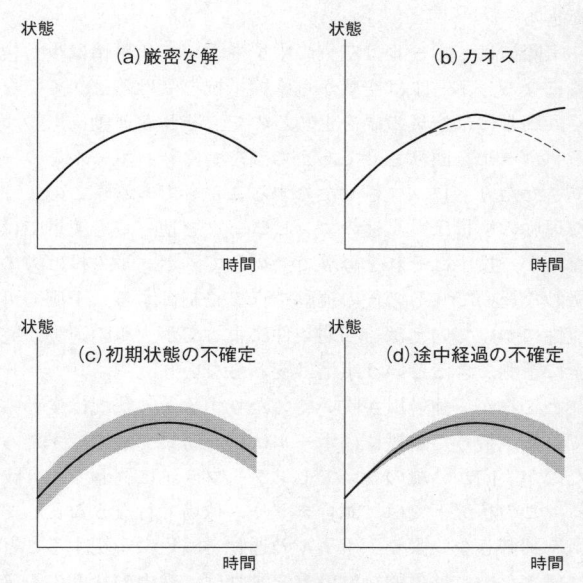

図 3.1 予測の誤差要因.(a)現象を支配する法則が厳密に成立すれば,完全な予測が可能である.(b)初期条件のわずかな差が時間とともに著しく拡大されると,時間がある程度経過した後の予測は不可能になる.このような現象をカオスとよぶ.初期状態(c)や途中経過(d)に不確定さがあると,予測には誤差が生じる.影は誤差範囲を表わす.

投げ出す時の条件の代わりに，ボールが飛んでいく途中の情報（位置，速度の大きさと方向）がわかれば，その後のボールの運動はやはり完全に定まる．したがって，ある時点の情報を用いてその後の推移を完全に予測することができる．

　実際には，ボールは空気の中を飛ぶので，事情は少し複雑になる．ボールは空気から摩擦抵抗を受けるばかりでなく，周りには空気の渦を生じるので，それが運動に影響する．ボールを回転させてあえて渦をつくり，ボールをカーブさせたりドロップさせたりすることもできる．このような運動の解析は，高速のコンピュータを使っても簡単ではないが，投手はそれを経験で会得して，ボールの投げ方の微妙な違いで，その後の運動をうまく制御する．予測の可能性についていえば，初期条件によってボールの運動が完全に予測できるという事情は変わらない．

　ところが，強い風が吹いていたりすると，状況は変わってくる．打った瞬間にはボールは観覧席まで飛ぶはずだったのが，向かい風のせいでセンターフライに終わったりする．この状況下では，試合をドーム球場で行なうなどして風を制御しない限り，ボールの運動を満足に予測することはできない．抽象的な言い方をすれば，途中の状態の不確定さのために，予測には誤差が生ずる（図3.1d）．

　もっと極端に，ボールの代わりに風船を投げ上げる場合を想像してみよう．この場合には風船の運動はわずかな風にも大きな影響を受ける．風がほとんどない状態でも，風

船の運動を完全に予測するのはむずかしい．この場合には，誤差が大きすぎて予測自体があまり意味をもたなくなる．

途中の状況ばかりでなく，初期状態の見積りにも不確定な要素が入りうる（図 3.1c）．例えば，ボールが投げ出された直後の速度や方向をビデオカメラの映像から見積る場合には，ビデオカメラの性能や画像の分解能の制約から，運動の見積りに誤差が入る．投手がボールを投げ出すときに制御を誤って，コースをはずしてしまうのも同じ問題である．

このように，ボールや風船の運動は基本的には力学の法則に支配されるが，現実には何らかの擾乱の影響を受ける．したがって，現象の予測が可能かどうか，また予測がどの程度の精度をもつかは，予測の基礎になる原理と，それを乱す不確定な要素の兼ね合いによって決まる．言いかえれば，予知ができるかどうかは，手持ちの情報で制御できない部分がどのくらい大きいかに依存する．

ところが，この他にもっと面倒な問題がある．3.3 節で述べるように，完全に掌握しているはずの力学の法則から予測が不可能だという通告を受けることがあるのである．このような現象はカオスと呼ばれる（図 3.1b）．

b. 板の破壊

地震の発生過程にもう少し近い例題として，板の破壊を取り上げよう．板に加える応力を時間とともに増やしてい

くときに，どの時点でどこが破壊するかを考えるのである．

　もし板が見たところ完全に一様だとすると，いつどこが破壊するかを予測するのは簡単ではない．板は究極的には原子でできているから，原子の結合が壊れるところまで力が加えられるかといえば，現実にはその数百万分の一程度の力で板は破壊してしまう．強度は，板を構成する結晶の境界や内部にどのような原子配列の乱れがあるかによって，決まってしまうからである．

　そのために，微細構造の極めて詳細な知識がない限り，破壊の予測には大きな不確定性が生じることになり，現実には予測がほとんど不可能だという結論になる．実用的に取り得る方法は，破壊の起こる時点や場所を確率的に予測することである．

　しかし，板の内部に亀裂が入っている場合には状況は変わってくる．板に力を加えると，応力は亀裂の両端付近に集中するので，破壊が始まる場所はそこに絞られる．どの時点で破壊が始まるかについてはやはり不確定さが残るが，亀裂の両端付近の構造を詳しく調べることで不確定さを減らすことが可能である．

　板が亀裂を含む場合は予測にもう一つの利点が生ずる．力を加えながら亀裂の両端付近の観察を続けると，破壊前に物質が降伏状態に近づいて，顕著な変形が起こるのを観察できる可能性がある．この観察がうまくいけば，直前の変形から破壊発生の時間をかなり正確に予測することも可

能になる．実際の地震に照らしていえば，前兆現象を用いた予測が可能になる．

このように，板が一様な場合には破壊の予測はむずかしいが，板に亀裂が入っている場合には予測の可能性がずっと開ける．二つの状況で予測のしやすさは大幅に異なるのだ．図3.1の枠組みでいえば，初期状態の不確定性がどの程度あるかで，予知は悲観的にも楽観的にもなりうる．

地震予知ができないと主張する人たちの頭には，一様な板のモデルがあるように見える．暗黙のうちにこのモデルに立脚して，地震予知が不可能だと主張するだけでは，議論は進みようがない．重要なのは，現実の地震発生の場が一様な板のモデルと亀裂のある板のモデルのどちらに近いかという点である．予知の可能性についての議論は，そこまで踏み込まないと始まらない．

3.2 地震の統計則

地震には大きな地震も小さな地震もあるが，大きな地震ほど稀にしか起こらない．地震の発生頻度の規模依存性は，グーテンベルグ・リヒター則と呼ばれる関係式で表現される．まずその統計則を学び，そこから地震の発生過程について何が導かれるかを検討しよう．

a. グーテンベルグ・リヒター則

大きな地震ほど起こる回数が少ない．このことは古くか

ら知られており、さまざまな地域、さまざまな規模の地震について定量的に解析されてきた. その結果として、地震の頻度とマグニチュードの間には単純な関係が成立することが見出された.

ある期間にある地域で発生した多数の地震のリストがあったとしよう. マグニチュード M を小さな区間 dM に区切って、それぞれの区間に入る地震の数をそのリストで数え、得られた回数を dM で割ると相対頻度 n_M が M の関数として得られる. n_M は、数学的には dM を小さくした極限で厳密に定義されるが、実際のデータを解析する際には、各区間に十分な数の地震が含まれるように適当な幅 dM を選ぶ.

さまざまな地震のリストに対して n_M を M の関数とし

図 3.2 グーテンベルグ・リヒターの関係. マグニチュード M, エネルギー E, 断層の長さ L の関数として地震の相対頻度 n_M, n_E, n_L を示す.

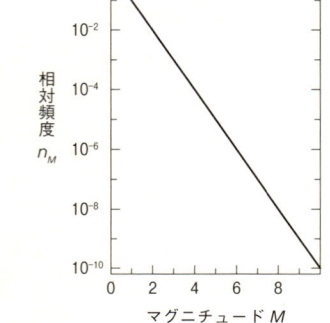

て求めて見ると、その関係は次の簡単な式で表現できることが経験的に知られている[8].

$$\log n_M = a - bM \tag{3.1}$$

ここで、左辺の log は常用対数（10 を底とする対数）を意味し、a と b は定数である．(3.1)式はグーテンベルグ・リヒターの関係式と呼ばれる（図 3.2）．

(3.1)式で、a は地震の総数に依存し、頻度の総和を 1 にするように n_M を定義しなおせば、自動的に決まってしまう．統計的な性質として重要なのは b の値である．b が 0 ならば、規模によらず同じ割合で地震が起こる．b が大きくなるほど、規模の大きな地震の割合が少なくなる．b についてはさまざまな地震のグループに対するたくさんの見

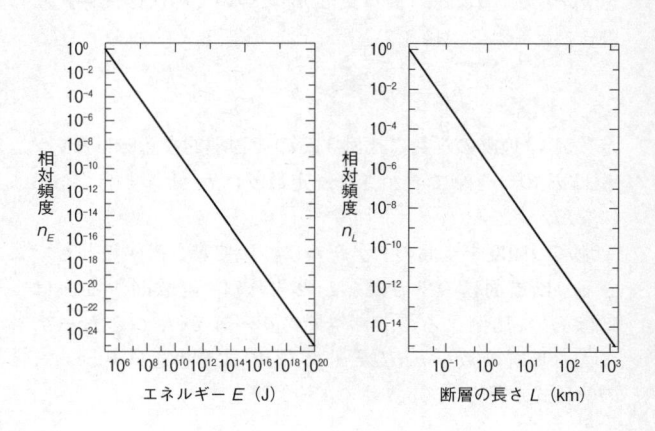

積りがあり，b は通常 1 前後の値をとることがわかっている．b が 1 ならば，マグニチュードが 1 だけ大きい地震の頻度は 1/10 になる．

地震学では(3.1)式の係数 b を文字通り b 値とよぶ．b 値には地域によって，また地震の種類によって系統的な変化が見られる[8]．b 値は，沈み込み帯やトランスフォーム断層（2.2節 b）の地震が 1 程度の大きさなのに対して，海嶺の地震は相対的に大きく，大陸の地震は相対的に小さい．また，前震，余震，群発地震の b 値は通常より小さく，前震の b 値は余震よりさらに小さくなる傾向がある．

地震のマグニチュードをエネルギーと関係づける(1.1)式を使うと，地震の頻度をエネルギーと関係づけることができる．エネルギーが E から $E+dE$ の間に入る地震の数を $n_E dE$ とすれば，(3.1)式は n_E についての次の関係式に書き換えられる（図 3.2）．

$$n_E = AE^{-p} \qquad p = \frac{2b}{3}+1 \qquad (3.2)$$

定数 A は地震の総数に比例するので物理的な意味はない．n_E は E のべき乗で表わされ，定数 p は $b=1$ のときに 5/3 になる．

地震の頻度を空間のスケールについて書き直すこともできる．断層面積の平方根を L とすれば，経験則から E はほぼ L^3 に比例するので，空間スケールが L から $L+dL$ に入る地震の数を $n_L dL$ として(3.2)式を書き直せば，次の関係式が得られる．

$$n_L = BL^{-q} \qquad q = 2b+1 \tag{3.3}$$

B は地震の総数に比例する定数である．$b=1$ のとき，指数 q は 3 となる．

データが十分とはいえないが，破壊現象は一般に (3.3) 式で $q=3$ とした関係を満たすと考えられている．それが正しければ，地震も破壊の一般的な統計法則を満たすことになる．

b. 地震の頻度分布と発生機構

地震は地下の断層面に沿って破壊が急激に伝播する現象である（1.2 節 a）．地震の規模は断層面の大きさでほぼ決まり，破壊がどこまで伸展したかを表わす．破壊が始まってもすぐに止まると，小さい地震になる．逆に，大きい地震は破壊がなかなか止まらずに断層面積を大きく広げる．

グーテンベルグ・リヒター則によれば，地震の頻度は規模が小さくなるにつれて急激に増加する．言い換えれば，地震の原因となる破壊は小さなものほど頻繁に起こる．大地震に発展するような大きな破壊はめったに起こらない．

このことは次のように解釈できる．破壊は簡単に始まるが，多くはすぐに止まってしまう．稀に破壊がなかなか止まらずに大きな地震になることがある．災害を起こすのは大きな地震なので，地震予知にとって重要なのは大きな地震である．そこで，予知にとって究明が必要なのは，頻繁に起こる破壊の開始ではなく，地震の規模を決める破壊の

停止である．

　地震の統計則を重視すれば，このことは自明のように思えるが，地震の発生過程に関する研究は，どうしても破壊の開始条件に目を向けがちになる．大きな地震がどのような条件で始まるかに関心が向くのは自然な成りゆきだが，その答えを握っているのは，破壊の開始条件よりも停止条件であることに注意すべきある．

c. フラクタルとしての地震

　(3.2)式や(3.3)式のようにべき乗の分布に従う現象は，フラクタルと呼ばれる性質をもつ．そこで，地震もしばしばフラクタルの事例とみなされる．フラクタルとは，特徴的なスケールをもたない現象を総括的に表わす概念であり，1970年代から科学の広い分野で重要な役割を果たすようになった[32][33]．

　フラクタルを理解するために，まず「特徴的なスケール」とは何かを考えよう．簡単な例として，人間の身長の分布を取り上げる．大人の集団について身長の分布を見ると，1.6m前後の身長の人が一番多く，それよりも背の高い人も低い人も，この平均値からはずれるにつれて割合が減る．したがって，大人の人間の集団は1.6m前後の身長という特徴的なスケールをもつ．身長の統計則をガウス分布などの数式で表せば，そこにはこの特徴的なスケールが定数として入ってくる．

　ところが，(3.2)式や(3.3)式で表現される統計則には，

地震特有の大きさはどこにも含まれない．比較の目的である大きさの地震を基準にしてもよいが，どの大きさを基準にするかはまったく任意で，その選択に制限がない．これはフラクタルの特徴である．

つぎに特徴的なスケールをもたないということがどういうことなのか，雲の輪郭の例を取り上げて考えてみよう．

雲の輪郭はモクモクしただくさんの部分から構成されるが，その中には大きいモクモクも小さいモクモクもあり，その大きさや並び方はさまざまである．雲の輪郭の写真をずっと遠くから撮っても，ズームでその一部を拡大しても，二枚の写真は同じように見える．拡大してみると，元のモクモクは今まで見えなかったもっと小さなモクモクから構成されており，全体としては元の写真と似た印象になる．

そのために，写真の中に大きさの基準を示すものが写っていないと，どちらが拡大して撮った写真か判別できない．言い換えれば，雲の形状には特徴的な大きさのスケールが存在しない．このことは，人間が写っている写真から撮影範囲の大きさが容易に識別できるのと対照的である．雲のように特徴的な大きさをもたない性質を自己相似性とよぶ．フラクタルとは自己相似性をもつ現象の総称であると言い換えることができる．

自己相似性は幾何学でいう相似と同じではない．相似の場合には各部分が完全に同じ割合で拡大や縮小を受ける．それに対して，自己相似性は形状に類似性を要求するが，

部分ごとの違いは許容する．雲の輪郭でいえば，元の写真と拡大した写真は似た印象をもつが，拡大率をいくら調整しても，各部分がピッタリと重なることはない．

　雲の形状は特徴的なスケールを持たないが，別な種類の雲と比較すると，違いが見出される．例えば，積乱雲の輪郭は激しく入り組んでモクモクしているのに，層雲の輪郭はずっと滑らかである．2つの雲の間では，どの程度モクモクしているかという「モクモク度」が明らかに違う．この違いはフラクタル次元と呼ばれる数値によって区別される．

　フラクタル次元の見積りにはさまざまな方法が使われる．例えば，雲の写真を長さrの正方形のマスで区切って，内部に輪郭の一部を含むマスの数を数える．rの変化に対応して，輪郭を含むマスの割合がr^{-D}に比例するときに，指数Dがフラクタル次元になる．

　このような手続きで得られるフラクタル次元は1（直線）と2（平面）の間にくる．「モクモク度」に違いがある場合には，「モクモク度」の高い雲の方が大きなフラクタル次元をもつ．上の例でいえば，積乱雲は層雲より大きなフラクタル次元をもつ．ただし，この方法で計算されるフラクタル次元は，雲の3次元的な広がりの寄与は考慮されない．

　一般に，同じ現象でも，着目する性質によってフラクタル次元には異なる定義が可能である．また，見積り方によって，フラクタル次元が現象の異なる側面を取り出すこと

もある．なお，着目する性質が上に述べたようなべき乗の関係を満たさなければ，その性質はフラクタルではない．

地震がフラクタルであるなら，やはりフラクタル次元をもつはずである．地震の発生頻度が断層の不均質な構造に対応するとすれば，その不均質性から(3.1)式のb値が決まる．一方で，断層の不均質性はフラクタル次元で表現されるから，フラクタル次元はb値と関係することになる．このような考えに立って，地震のフラクタル次元はb値の2倍になると見積られた[34].

フラクタル次元の値は地震のどの性質に着目するかにも依存する．地震が複数のフラクタルから構成されるマルチフラクタルである可能性もあり[35]，フラクタルとしての地震の性質には今後の研究に待たれる部分が多い．

3.3 予測可能性とカオス

物理現象の多くは時間発展を記述する微分方程式を満たす．この微分方程式を解くことによって，通常はある時点の情報から現象の未来が完全に予測できる（図3.1a）．

ところが，フラクタルの性質をもつ現象の中にも，微分方程式の解から導かれるものがある[33]．その場合にも，微分方程式には見たところまったく不確定な部分がないのに，解の性質から予測が困難だという結論が出てくる．この事実は大気の対流を記述する微分方程式について50年ほど前に発見され[36]，天気予報に原理的な制約があること

を示すものと理解されている.

　気象学におけるこの発見はさまざまな分野に強い刺激となり，複雑な現象に広く対処するカオスの概念が生み出された[37]．地震の発生については，きちんと記述できる微分方程式は得られていないが，地震現象もカオスである可能性が高いと思われる．そこで，気象学で得られたカオスの概念を学び，その類推によって地震予知がどのような制約を受けるかを推測してみたい．

a. 大気の対流

　気象現象は大気の対流によって支配される．ローレンツ[36]は対流を記述する関係式を簡略化して次の微分方程式を導き，その解がカオスと呼ばれる複雑な性質をもつことを見出した.

$$\frac{dX}{dt} = -pX + pY$$
$$\frac{dY}{dt} = -XZ + rX - Y \quad (3.4)$$
$$\frac{dZ}{dt} = XY - cZ$$

この連立微分方程式は変数 X, Y, Z が時間 t とともにどう変化するかを記述する．p, r, c は正の定数である．変数も定数も適当な量を基準にして無次元化されている．(3.4)式はローレンツ方程式と呼ばれ，カオスの分野では有名な微分方程式である[37].

(3.4)式の解について議論する前に,この連立微分方程式が何を表現するかを理解しておこう.大気をある厚さをもつ流体の層で近似し,下面の方が高温になるように上面と下面の温度差を設定して,大気の中でどのような運動を生ずるかを問題にする(図3.3).大気の流れや温度の空間分布が単純なセル状の対流で表されるとして,粘性流体の運動や熱輸送の方程式から導かれたのが(3.4)式である.

ここで,変数 X は対流の運動速度の大きさに, Y は上昇流と下降流の温度差に, Z は対流によって生ずる鉛直温度

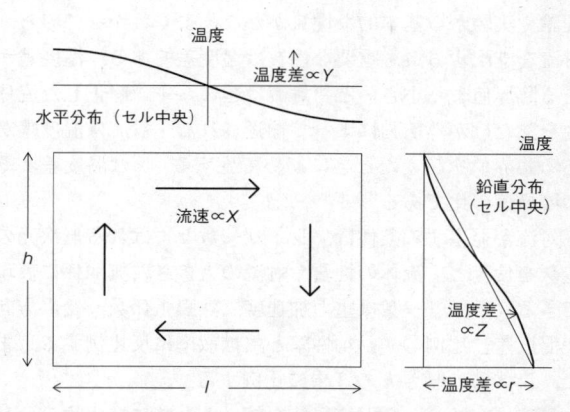

図3.3 カオスの計算に使われた大気の対流モデル.対流セルの水平方向と上下方向の大きさ l と h は固定される.上下方向には r に比例する温度差が加わっており,それが対流の駆動力となる.対流の状態は流速に比例する X,上昇流と下降流の温度差に比例する Y,対流による上下方向の温度の乱れに比例する Z で記述される.

分布の乱れに比例する（図3.3）．定数は流体の性質や対流セルの大きさに関係する量で，pは流体の動粘性率と熱拡散率の比（プランドル数），rは上面と下面の温度差に比例する量であり，cは対流セルの縦と横の大きさhとlから次のように決まる．

$$c = \frac{4}{1+\left(\frac{h}{l}\right)^2} \tag{3.5}$$

rについては以下にもう少し詳しく説明する．

 上下方向の温度差に支配される対流については，多数の理論や実験から基本的な性質がかなりよくわかっている．対流を支配する最も重要な性質は温度差である．温度差がある臨界値より小さいと，対流は起こらず，静止した流体中を熱だけが熱伝動によって輸送される．対流は温度差がある臨界値を超えたときに初めて生ずる．rは温度差とその臨界値の比である．

 対流が発生する条件は，レイリー数とよばれる無次元の定数を使うと，流体の性質や対流の大きさに無関係に表現できる．レイリー数は重力加速度，熱膨張係数，鉛直方向の温度差に比例し，動粘性率と熱拡散率に反比例する．また，流体層の厚さhの3乗に比例する．

 対流はレイリー数が臨界値を超えたときに発生する．レイリー数の臨界値は流体が上下の面で満たす境界条件によって変わるが，2,000程度の大きさである．この無次元数を用いれば，rはレイリー数と臨界レイリー数との比とな

る.

レイリー数が臨界値を超えると対流が始まる.臨界値からの隔たりがあまり大きくない範囲では,対流はすぐに定常状態に達し,それ以後は時間変化をしない.このとき,対流を構成する速度と温度の分布は縦横比 h/l が1とあまり違わないセル状の構造を造る.水平方向には同じ大きさの対流セルが繰り返し現われて流体層を満たす.

レイリー数がもっと大きくなると,対流は次第に乱れてきて,時間的にも空間的にも変動するようになる.この条件下ではセル状の構造は失われ,あちこちから勝手に上昇流や下降流が発生するようになる.乱れはレイリー数が大きくなるほど激しくなる.対流の様相はレイリー数ばかりでなくプランドル数にも依存するようになる.

対流に関するこのような基礎知識を頭において,(3.4)式の解を調べよう.

b. ローレンツ方程式の解

ある時間 t で変数 X, Y, Z の値が決まれば,(3.4)式からこの3変数の時間微分が計算できる.それに適当な大きさの時間刻み dt をかければ,3変数の変化分が得られ,元の値に加えることで時間 $t+dt$ における3変数の値が求められる.この操作を繰り返せば,X, Y, Z の適当な初期値から出発して,時間が任意に経過した後の変数の値を計算することができる.

計算は簡単なプログラムを作ってパソコンでも実行でき

る．ただし，上の手順で文字通りに計算するには dt としてかなり小さな値を選ばなければならない．dt をあまり小さくせずに計算の精度を上げるために，通常はルンゲ・クッタ法などの数値積分法が用いられる．

この数値計算をさまざまな定数，さまざまな初期値について実行すれば，解の性質が把握できるが，それは膨大な作業になる．もっと能率がよいのは，解が最終的に落ち着く先をあらかじめ探しておくことである[37]．解の落ち着き先，すなわち平衡点は(3.4)式の左辺をゼロとすることで求められる．このように求めた平衡点では X, Y, Z の時間微分がすべてゼロになるので，変数の値はそこから動かない．

簡単な計算から，平衡点として次の3つの状態が得られる（図3.4）．

$$\begin{aligned}&\mathrm{S_0}: X = Y = Z = 0\\&\mathrm{S_+}: X = Y = \sqrt{c(r-1)},\ Z = r-1\\&\mathrm{S_-}: X = Y = -\sqrt{c(r-1)},\ Z = r-1\end{aligned} \quad (3.6)$$

r が1より小さいときは，$\mathrm{S_+}$ と $\mathrm{S_-}$ について X と Y の値が虚数になるので，平衡点としては $\mathrm{S_0}$ だけが残る．r が1より大きくなると，$\mathrm{S_0}, \mathrm{S_+}, \mathrm{S_-}$ はすべて平衡点になる．$\mathrm{S_+}$ と $\mathrm{S_-}$ は対流の運動が逆向きの2つの定常状態を表わす（図3.3参照）．

じつは，$\mathrm{S_0}, \mathrm{S_+}, \mathrm{S_-}$ は実際に解の落ち着き先になるとは限らない．落ち着き先になるときは，その付近の適当な初

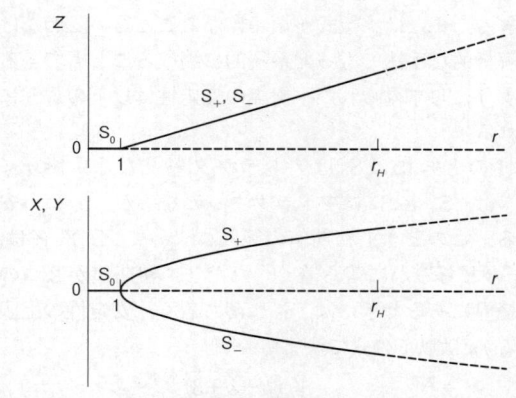

図 3.4 ローレンツ方程式(3.4)の平衡点 S_0, S_+, S_- の r への依存性. 平衡点は $X = Y$ の条件を満たす. 実線は安定な平衡点（アトラクター）, 破線は不安定な平衡点である.

期条件から計算を始めると, X, Y, Z の値は, 平衡点をまわりながら, 引き込まれるようにその点に近づき, 最後はそこに落ち着く. この性質から, このような平衡点はアトラクター（吸引点）とよばれる.

ところが, X, Y, Z の計算結果が時間とともに平衡点から離れていく場合がある. このときには平衡点に吸引力はなく, 平衡点そのものから計算を始めない限り, その点は落ち着き先とならない. 言い換えれば, 平衡点は不安定である.

S_0, S_+, S_- が安定な平衡点（アトラクター）であるかどうかは, その付近を初期値にする数値計算で確かめること

ができる.または,数式が煩雑になることをいとわなければ,解析的な手法でもっと系統的に調べることもできる.このようにして得られた平衡点の安定性は以下のように要約される.

$r<1$ のときには S_0 はアトラクターとなる.$1<r<r_H$ のときは,S_+ と S_- はアトラクターになるが,S_0 は不安定である.このとき,初期値の範囲によって X, Y, Z は S_+ か S_- のどちらかに落ち着く.ただし,初期値が2つの範囲の境界にあるときには,S_0 に落ち着く.安定性の上限を決める r_H は以下の式で決まる.

$$r_H = \frac{p(p+c+3)}{p-c-1} \qquad (3.7)$$

$r>r_H$ のときは,S_0, S_+, S_- のすべてが不安定となる.

理論や実験から知られる対流の性質と比較すると,$r<1$ における平衡点 S_0 は,静止した流体中を熱伝導で熱が運ばれる状態に対応する.$1<r<r_H$ の平衡点 S_+ と S_- は,時間的に変化しない定常的な対流で,2つの解の間で運動は逆向きである.それでは,$r>r_H$ のときはどのようなことが起こるのだろうか.

c. 奇妙なアトラクターとカオス

ローレンツ方程式(3.4)の解が $r>r_H$ の条件下でどのような振舞いをするかを,数値計算で調べてみよう[36][37].r 以外の定数はローレンツが計算に用いた $p=10$, $c=8/3$ を採用する.この p の値は水のプランドル数に近く,空気の

値はその10分の1程度である．c の値は r が1を超えたときに最初に発生するセルの形状に対応する．この p と c から得られる r_H の値は(3.7)式から約 24.74 となる．

数値計算の例を $r=30$ の場合について図 3.5 と図 3.6 に示す．初期条件は $t=0$ で $X=Y=25$, $Z=0$ とした．図 3.5 は X, Y, Z の時間 t による変化を示す．変数はやや不規則な振動をいつまでも繰り返す．特に，X と Y は正の側と負の側を行ったり来たりしながら振動を続ける．

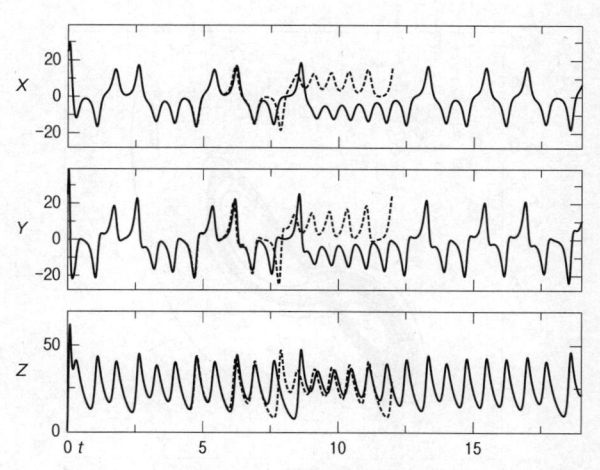

図3.5 ローレンツ方程式(3.4)の解の例．定数を $p=10$, $c=8/3$, $r=30$ として，変数 X, Y, Z の時間 t による変化を示す．実線は初期条件を $X=Y=25$, $Z=0$ とした場合，点線は初期条件を $X=25.01$, $Y=25$, $Z=0$ にした場合の解である．

ここで採用した定数に対して(3.6)式から平衡点を計算してみると、S_+ は $X=Y=8.79$, $Z=29$, S_- は $X=Y=-8.79$, $Z=29$ となる．そこで，3変数の振動はこの平衡点のまわりで起きていることがわかる．特に，X と Y は2つの平衡点間を行ったり来たりしている．

図3.6 はこの解で得られる X と Y の関係を軌跡として描いたものである．解が2つの平衡点 S_+ と S_- の間を行き来しながらぐるぐるとまわっているようすがよくわか

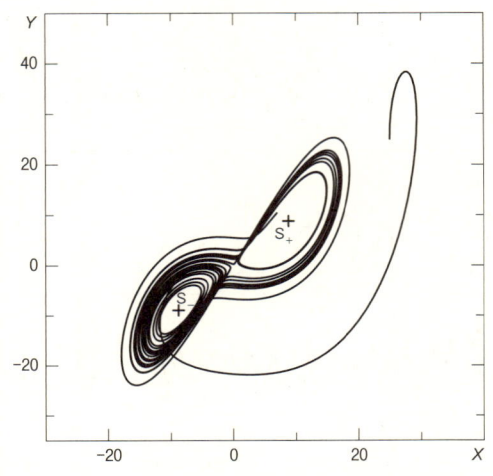

図 3.6 $X-Y$ 平面上で見たローレンツ方程式の解の軌跡．図 3.5 の実線と同じ解である．S_+ と S_- は2つの不安定な平衡点の位置である．

る．解は平衡点との距離を変えてまわり続けるが，平衡点にはいつまでも近づかず，逆に完全に離れてしまうこともない．

図では計算は有限の時間で打ち切られているが，それをもっと長く続けると，ドーナツを2つ合わせたような範囲がだんだんと黒く塗りつぶされていく．初期値を変えると，軌跡は最初のうちはそれに合わせて変わるが，解はすぐに平衡点の近くに引き寄せられ，図3.6に見られるように平衡点のまわりを徘徊してドーナツ状の範囲を塗りつぶしていく．

そこで，このドーナツ状の集合はやはり解を引き寄せるアトラクターとしての性質をもつ．しかし，この集合は点ではなく無数の軌跡の集まりである．このようなアトラクターはローレンツの研究以前には知られていなかったので，奇妙なアトラクター（ストレンジ・アトラクター）と呼ばれるようになった．

奇妙なアトラクターをもつ解は，予測の観点から極めて重要な性質をもつ．初期条件をほんのわずか変えただけで，未来の状態が大きく変わってしまうのである．

例として，初期条件のなかで Y と Z は変えずに X だけを 25.01 とわずかに増やし，その解を計算して図3.5に点線で示す．解は最初のうちは元の解と重なって区別できないが，t が5を越えるあたりから差が認識できるようになる．そして，t が7を越えるあたりで元の解と決別して，独自な振舞いをするようになる．

このように，時間がある程度経過した後の解の振舞いは，初期条件のわずかな差によってまったく変わってしまう．詳細な研究によると，初期条件の差は時間とともに指数関数的に（時間を2倍にすると比が2乗で変わるような形で急速に）増大する．

ローレンツ方程式に支配される解は形式的には初期条件で完全に定まるが，$r > r_H$ の条件下では，わずかな誤差が急速に拡大する．実際の初期条件の設定には必ず誤差がともなうので，ある程度より先の未来を予測することは実質的に不可能になる．言い換えれば，因果関係を満たす微分方程式に支配されることは，予測の可能性を保証するものではない．この事実は物理現象の基本的な理解に改革をもたらし，カオスの概念を生み出した．

複雑で予測が不可能な現象はカオスと呼ばれる．もう少し数学的に言えば，条件のわずかな差が時間とともに指数関数的に拡大され，しかも変数が有限な範囲にいつまでも留まって変動を続ける現象がカオスである．この語を使えば，$r > r_H$ に対応するローレンツ方程式(3.4)の解のように，奇妙なアトラクターをもつ現象はカオスである．

ここで，奇妙なアトラクターがフラクタルの構造をもつことをつけ加えよう．図3.6のドーナツ状の構造は無限に長い解の軌跡を含む．この軌跡は X, Y, Z の3次元空間で見ると決して交わらないことが知られている．軌跡の間隔は広いところと狭いところが複雑に入り組んでいる．ところが，ある部分を拡大すると，それまで重なって見えて

いた軌跡が分離し，拡大前と同じような様相が表われる．
奇妙なアトラクターはフラクタルを特徴づける自己相似性
をもつのである．

なお，ローレンツ方程式はrがr_Hよりずっと大きくな
ると，またカオスの解をもたなくなる．それについてはこ
こでは立ち入らないことにする．

ローレンツ方程式以外にも，カオスの解をもつ微分方程
式は多数知られている．これらの微分方程式はいずれも3
つ以上の変数をもち，非線形の項を含む．非線形の項とは
変数の1次式で表わされない項のことで，(3.4)式の場合
は第2式のXZと第3式のXYの項がそれに当る．

d. 予測の可能性と限界

気象現象は大気の対流に支配されるので，ローレンツ方
程式が予測不能の解をもつことは，天気予報に重要な関わ
りをもつ．大気の状態は時間とともに変動するので，ロー
レンツ方程式では$r>r_H$の場合に対応すると考えられる．
したがって，大気の状態はカオスの性質をもち，時間があ
る程度経過した後は，予測が不可能になる．天気予報で特
に長期予報がむずかしいのは，背後にカオスの性質がある
ためと理解される．

ただし，$r>r_H$に対応するような高いレイリー数の下で
は，現実の対流には空間的な変動が表われる．そこで，対
流のセル（図3.3）が壊れてしまい，セル構造を基礎にする
ローレンツ方程式は対流の状態を適切に表現できなくな

る. ローレンツ方程式の解は大気の性質をむしろ象徴的に表現すると理解すべきである. 実際には, 数値予報に使われるもっと複雑な微分方程式もカオスの性質をもつことが知られているので, 天気予報の予測可能性に関する上の結論は定性的には変わらない.

地震現象については, その発生過程の本質を表現できる微分方程式が近似的にも知られていない. しかし, 問題の立て方や解の性質には, ローレンツ方程式で表現される場合との類似点が感じられ, 類推で学べるものがありそうに思える.

大気の対流は上下方向の温度差が駆動力になるが, 地震現象はプレート運動が駆動力なので, その運動速度に依存する r のようなパラメータが定義できそうである. このパラメータが小さいと非地震性のすべりが起き, もっと大きくなると類似な地震が周期的に繰り返され, さらに大きくなると発生にカオス的な乱れが生ずる. こんな想像はもっともらしくないだろうか.

図 3.5 や図 3.6 にも地震現象との類似性が感じられる. ローレンツ方程式の解がほぼ周期的な活動を繰り返した後で突然別な状態に移るのは, パークフィールド地震の系列で周期性や地震の性質が最後に大きく乱れた状況 (2.5 節 d) と似ている. 宮城県沖で起きた一連の地震の流れを破って, 2011 年に突然巨大な東北地方太平洋沖地震が起きた (1 章) のも, 類似な現象と捉えられるかもしれない.

これらの類推は科学的にはもちろん意味がない. 私がこ

こで強調したいのは，地震予知はかなり基本的な視点から予測可能性を検討することが望ましく，そのためにはカオスの概念やそれを導いた道筋が参考になりそうだということである．

3.4 地震と破壊

地震の原因は地殻内部の破壊である．破壊で断層面に生じるすべりによって，地面に揺れをもたらす地震波が発生する．地震の多くは同じ場所で繰り返し起こるから，断層は破壊された後で固着して，破壊の再発を許す性質をもつはずである．

この節では，破壊がどのような力学に支配されるのか，また地震がどのようなメカニズムで繰り返し発生するのかを議論する．3.2節で見たように，地震の規模は多様なので，断層面には不均質性があると思われるが，それがどのような不均質なのかが重要な論点になる．

a. 応力の蓄積と解放

地震は同じ断層で繰り返し発生する．これは応力の蓄積とそれを解放する断層のすべりが繰り返されるためである．それを記述する簡単なモデルに弾性反発モデルがある（図3.7）．

このモデルで断層を挟む岩盤の両側を一定速度vで動かすと，岩盤には歪や応力が一定の割合で増加する．応力が

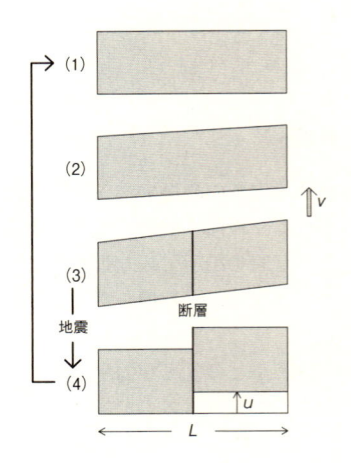

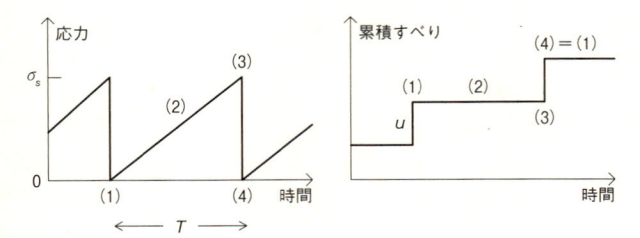

図 3.7 一定速度の変形を受けた岩盤の応力とすべりの変化．応力が蓄積して強度を超えると，断層ですべりが発生して応力を解放する．強度が一定ならば，すべりの発生は周期的になる．

岩石の強度 σ_s に達すると,断層面上で破壊が発生してすべりが起こり,応力や歪が一挙に解放される.破壊後に断層は固着して再び最初の状態に戻り,応力の蓄積がまた始まる.こうして地震の発生が周期的に繰り返される.すべりは地震が起こるたびに累積されていく.これが断層反発モデルで表現される地震の繰り返し過程である.

このモデルから,1回の地震のすべり量 u と地震が繰り返す周期 T が次のように決まる.

$$u = \frac{L\sigma_s}{\mu} \quad T = \frac{u}{v} \tag{3.8}$$

ここで,L は岩盤の長さ,μ は岩石の剛性率である.

もし,地震の発生がこの単純なモデルに従うなら,地震の発生は完全に周期的であり,直前の地震の時期と周期から次の地震の時期を正確に予測できる.このとき,すべり量から地震の規模を予測することも可能である(図1.4).

パークフィールドの地震(2.5節 d)に例を見たように,カリフォルニアでは地震の周期的な発生が経験され,このモデルはもともとそれを念頭において提案された.類似なモデルは海溝の陸側で繰り返し発生するプレート間地震(1.3節 b)を説明する目的でもしばしば使われる.

しかし,地震の性質を説明する上で,このモデルには不完全な部分も多い.特に問題になるのは岩盤の長さ L である.L は物理的には応力が蓄積する範囲を表現すると思えるが,現実の地震についてはどのような値を設定したらよいのだろうか.

この問題には次のような回答が思いつく．断層面は実際にはある大きさの区画で区切られていて，それぞれがほぼ独立に図3.7のような変動を繰り返すと考えるのである．すべりの影響が垂直方向にも断層の大きさ程度の範囲まで及ぶとすれば，Lは断層の大きさ，あるいは断層面積の平方根程度の長さとみなすことができよう．

　同じ場所でほぼ周期的に繰り返す同規模の地震は，実際にも多くの例が知られており，固有地震と呼ばれている．固有地震は，震源域や繰り返しの時間間隔が決まっているので，予知のしやすい地震である．図3.7のようにそれぞれの区画で繰り返される応力の蓄積と解放は，固有地震の発生過程を説明する簡単なモデルとなる．

　ただし，固有地震の場となる断層面上の区画がなぜできるのかは未解決である．この区画は，パークフィールドの地震にも，日本海溝や南海トラフ沿いで起こる地震（1章，2.8節a）にも見られたように，一定の区画を占める傾向をもちながらも，場所が完全に固定されてはいない．固有地震の場がどのような物理的実態をもつのかは，以下の議論でも中心的な問題になる．

　また，それとは別の問題もある．地震は震源から破壊がまわりに広がっていく現象であるが，それについてはこのモデルには言及がない．次にこの問題を考えよう．

b. 一様な場の破壊

　一様な応力を受けた均質な固体媒質の中で，破壊がどう

3.4 地震と破壊

進展するかについて、簡単な理論を用いて考察する[38].

無限に広がる一様な弾性体の中に長さ $2a$ の割れ目があり、割れ目に沿って両側は自由にすべることができるものとする（図3.8）. 割れ目の中心に原点、割れ目に沿って x 軸、割れ目と垂直に y 軸をとる. x 軸と y 軸の両方に垂直な z 方向には、同じ状況がどこまでも続くものとする. すなわち、2次元の割れ目を考える.

弾性体全体には割れ目をすべらせるようなずれ応力（せん断応力）σ_o が加えられている. すべり（割れ目の面を境にした変位の不連続）が x 方向である場合には、σ_o は応力テンソルの xy 成分（yx 成分と等しい）である. すべりは z 方向であってもよい. この場合には σ_o は応力テンソル

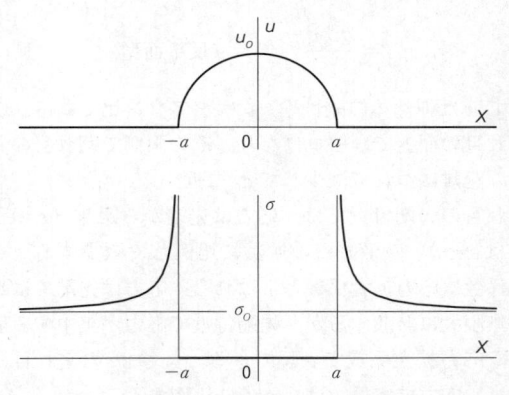

図3.8 長さ $2a$ の2次元の割れ目に沿うすべり u と応力 σ の分布. 弾性体全体には応力 σ_o が加えられている.

の xz 成分となる.最初のタイプを平面型(プレイン・タイプ),2番目のタイプを反平面型(アンティプレイン・タイプ)の割れ目とよぶ.

割れ目の面で摩擦抵抗が働かなければ,そこではすべり方向の応力がゼロになるようにすべりが生ずる.また,割れ目の周辺では,割れ目の面上で支えられない力の分だけ応力が増加する.

弾性体の平衡条件から計算される x 軸上のすべり u と応力 σ の分布を図3.8に示す.割れ目の面上ですべりは楕円で表わされるような分布をとる.すべりは中心 $x=0$ で最大になり,その最大値 u_o は次のように決まる.

$$u_o = \frac{2(1-\nu)a\sigma_o}{\mu} \quad \text{(平面型)}$$
$$u_o = \frac{2a\sigma_o}{\mu} \quad \text{(反平面型)}$$
(3.9)

ここで μ は弾性体の剛性率,ν はポアソン比である.応力は割れ目の面上ではゼロになり,その両側で割れ目の先端からの距離につれて減少して σ_o に近づく.

割れ目の先端付近では,応力は先端から距離(x の正の側では $x-a$)の平方根の逆数に比例して減少する.その比例係数は応力拡大係数とよばれる.応力は先端では数学的に無限大に発散するが,先端付近で応力が集中する度合いは,応力拡大係数で表現できる.長さ $2a$ の割れ目については,応力拡大係数は $\sigma_o a^{1/2}$ に比例する.

割れ目が拡大して a が増加するためには,割れ目の先端

に新しい破壊面を作る必要がある．そこで，破壊面の拡大が起こるのは，先端の応力集中が十分に大きく，そこから新しい破壊面の形成に必要な表面エネルギーが供給できる場合である．この条件を応力拡大係数について書くと，破壊の拡大条件を表現する次の不等式が得られる．

$$s = \frac{\pi(1-\nu)^2}{8\mu} \frac{a\sigma_o^2}{\gamma} > 1 \quad \text{(平面型)}$$
$$s = \frac{\pi}{8\mu} \frac{a\sigma_o^2}{\gamma} > 1 \qquad \text{(反平面型)}$$
(3.10)

ここでγは破壊面の単位面積がもつ表面エネルギーである．なお，後で引用する便宜を考えて，不等式の左辺をsとおいた．3.5節aでsは破壊推進力と呼ばれる．

不等式(3.10)で表わせるような割れ目の拡大条件は1921年にグリフィスによって提案された[38]．割れ目の先端で実際に応力が無限大になるわけではないが，先端付近の変形の詳細を考慮すると，γは破壊を起こすのに必要な応力と変位の積に比例することが導かれる[38][39]．その関係式を用いて，地震の表面エネルギーは実験室で岩石中につくられる割れ目より数桁以上大きいことが見積られる．

不等式(3.10)が満たされると，割れ目の拡大が始まる．このとき，割れ目の周囲の変形は時間変化の効果を入れた動的な運動方程式を満たす必要がある．その場合，sには運動方程式の慣性項（加速度に比例する項）に起因する因子が積算されて，左辺と右辺が釣り合うようになる．この関係式から割れ目の拡大速度が得られ，割れ目の長さの時

間変化が計算できる.

図3.9は割れ目の長さ a と拡大速度 da/dt の時間変化を計算した例である. a_o は $s=1$ を満足する a の値である. この計算では数学的な扱いが簡単な反平面型割れ目を扱っているが, 平面型割れ目についても類似な時間変化が得られる.

この計算で示されるように, 割れ目は加速しながら拡大する. 拡大速度は時間とともに増大して, 最終的には横波速度 V_s (平面型割れ目の場合は表面波の一種であるレイ

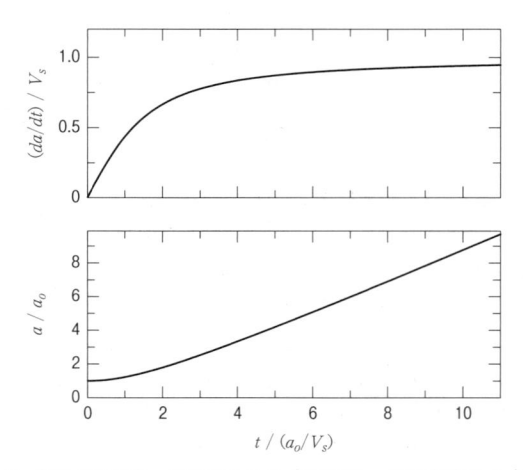

図3.9 割れ目の拡大. 割れ目の長さ (の半分) a と拡大速度 da/dt を時間 t の関数として示す. a_o は(3.10)式で $s=1$ を満たす a の値, V_s は横波の伝播速度である. 初期条件は $t=0$ で $a=1.00001a_o$ とした. 割れ目はすべりと拡大方向が直交する反平面型である.

リー波の速度)に近づいていく．拡大が加速するのは，a に比例して s が増加するためである．このことからわかるように，割れ目の拡大はいったん始まると止まらない．

なお，割れ目の拡大は a を a_0 よりも多少なりとも長くしないと開始しない．図 3.9 は a の初期値を a_0 の $1+10^{-5}$ 倍に増やして計算した結果であるが，初期値の増分をかなり変えても，計算結果は図では見分けられない程度しか変わらない．

この理論からわかるように，破壊は不等式(3.10)のような条件が満たされるまで拡大を始めない．地震は通常既存の断層で起こるから，破壊の種となるさまざまな長さの割れ目が断層面上に準備されていると想像できる．プレート運動の効果などによって応力が次第に高まると，最初に(3.10)を満たした割れ目で破壊の拡大が始まる．拡大の速度は，最終的には地震波の速度にも匹敵するような高速になる．

ところが，この理論ではいったん始まった破壊は加速的に拡大を続け，どこまで行っても止まらない．破壊を止めるには条件の変化が必要である．(3.10)は破壊を進行させる条件でもあるので，破壊を止めるには s の値を小さくする必要がある．

(3.10)の s を決める要素の中で a は増え続けるので，破壊を止めるには，応力 σ_0 が下がるか，表面エネルギー γ が増加する必要がある．すなわち，割れ目の先端が応力の蓄積する範囲を突き抜ければ破壊は止まる．また，強度(表

面エネルギーに比例する) が十分に強い領域に入れば破壊は止まる.

いずれにせよ, 破壊を停止させて地震の規模を有限な範囲に留めるためには, 地震が発生する場に応力や強度の不均質が必要である.

c. アスペリティーとバリア

破壊を止めるためには, 断層面上で応力や強度に不均質があることが求められる. さまざまな規模の地震の存在は, 割れ目がさまざまな長さで止まることを意味し, 応力や強度の不均質が空間的にさまざまなスケールで分布することを示唆する.

このうち, 強度の不均質は最近の地震学で最も注目を集めるテーマになっている. その発端となったのは, 1970年代後半に安芸敬一によって提案されたバリア[40]と金森博雄によって提案されたアスペリティー[41]の概念である.

安芸は断層近傍で観測される短周期の強い揺れに, また金森は地震波が細かい震動の集まりであることに着目して, ともに断層面上に強度の強弱が必要であることを示した. ただし, アスペリティーが破壊の開始を妨げる意味を強調するのに対して, バリアは破壊の伝播を邪魔したり止めたりする役割を強調する[42].

2つの概念はともに断層面上の強く固着する領域を意味するが, そのニュアンスの違いがその後の使われ方に影響した. アスペリティーはプレートの沈み込みにともなうプ

レート間地震の地域差を説明するために使われるようになった[4]．地域によってプレート間地震の規模などに違いがあるのは，アスペリティーの大きさや分布様式に違いがあるためであると考えたのである．この応用が地震学研究者の関心を広く引くことになった．

この章では，破壊を止める原因として断層の不均質が重要であることを指摘してきたので，我々が問題にする不均質はバリアに近い．しかし，それについての議論は後にまわして，現在地震研究者の間で広く興味がもたれているアスペリティーについてまず検討を進めよう．ただし，ここで取り上げるアスペリティーの概念は元の提案[41]と必ずしも同じものではない．

アスペリティーは，断層面上ですべりに対する抵抗力が強く，なかなかすべらない固着域をさす．この解釈は破壊の停止よりも開始に関心が向けられていることにまず注意しよう．

アスペリティーの概念を用いて，地震の発生過程は次のように描かれる[21][4]．断層面上で応力が次第に高まると，強度の弱い部分から順に破壊されてすべりが生じ，応力を局所的に解放する．その結果，応力は強度の高いアスペリティーに集中する．最後にアスペリティーが破壊されるときに，大きな地震に対応する大規模なすべりが発生する．

このように，アスペリティーの周辺では簡単にすべりが生じて応力が解放されると考える．この考えが提案された当初は，周辺の応力解放は小さな地震によって達成される

とされていたが，その後非地震性の塑性すべりによるとする提案がショルツらによってとなえられた．現在は，アスペリティーは非地震性すべりの領域に囲まれるとする考えが主流になっているようである．

いずれにせよ，アスペリティーが壊れるときには，周辺の応力は既にほぼ解放され尽くしているから，破壊はアスペリティーを壊し尽くしたときに停止する．したがって，大きな地震はアスペリティーを主要部分とする断層すべりによって生じる．

観測の立場に立つと，アスペリティーは地震によって大きなすべりが発生する場所と理解され，地震波形を解析することでアスペリティーの分布が多くの地震について求められるようになった．その中には，同じ地域で起きた複数の地震が類似なアスペリティーをもつ事例も含まれ，アスペリティーが地域の特性として保持されることを示すものと解釈された．

このような観測事実もあって，大きな地震の各々には固有のアスペリティーが対応するという理解が広まってきた．この理解に立てば，大きな地震はアスペリティーの大きさで決まる固有な規模をもち，プレート運動などによる応力の蓄積速度とアスペリティーの強度に応じて繰り返し発生する．これはまさに図3.7で述べた固有地震の概念に通じる．すなわち，固有地震の発生する場所にはアスペリティーがあると解釈できる．

この理解に立てば，アスペリティーを調べることで大き

な地震の発生場所,規模,発生間隔を知ることができる.アスペリティーは地震予知にとって有力な手掛かりとなる.アスペリティーが魅力的な概念として多くの地震学研究者の関心を引きつけたのは,そのためである.

だが,地震の発生とアスペリティーの関係には,まだ検討すべき課題が残されている.東北地方太平洋沖地震の発生は,この関係に少なくとも修正を求めていると思われる.具体的には,地震は時には固有の震源域を超えて拡大し,「連動」する(1.4節 a).この問題はアスペリティーの相互作用を考慮することなどによって乗り越えられるのだろうか.

もう少し基本的な問題もある.まず,大きな地震だけが固有のアスペリティーをもつとすると,地震現象はアスペリティーに対応する特徴的な空間スケールをもつことになる.それは地震現象の自己相似性を乱し,グーテンベルグ・リヒター則の成立に問題を投げかける(3.2節参照).自己相似性が成立する地震の規模に上限を置いて,この難点を回避しようとする考えもあるが,東北地方太平洋沖地震のように,地震の連動で上限が越えられてしまうのなら,その説明は合理性を失う.

また,アスペリティーの概念は,大きな地震に強度の強い部分を割り振り,もっと弱い部分を壊す小さな地震と差をつける.一方で,地震で解放される応力(ストレス・ドロップ)は地震の規模にあまりよらないことが知られており,それが断層面積やすべりをマグニチュードと関係づけ

る根拠になっている(図1.4).この経験的な関係をアスペリティーの役割とどう整合させるのだろうか.

アスペリティーが破壊を内部に留めておけるかどうかについても,説得力が不十分であるように感じられる.特にアスペリティーが近接して分布する場合には,2つのアスペリティーを分ける狭い境界領域では,両側ですべりが固定されるので,大きな地震の前に応力を解放し尽くすのはむずかしい.したがって,どちらかのアスペリティーで起きた破壊を片方だけに留めるのはむずかしい.

破壊を止める役割については別な問題もある.もしアスペリティーがほぼ一様な強度と応力をもつなら,3.4節bで見たように,そこで一度始まった破壊を止めるのはむずかしい.そのために,本震の直前に前震が起きたとしてそれがアスペリティーを破壊し尽くす前になぜ止まるのかは説明を要する.言い換えれば,アスペリティーは前震の存在(1.4節b,2.3節b,2.7節a)と簡単には両立しない.

アスペリティーを地震予知の基盤にすえる前に,このような問題に説得力のある解答を準備することが求められる.

d. 断層面上の摩擦則

地震の発生には,弾性的な応力の蓄積と破壊による応力の解放のほかに,重要な物理過程が関与する.そのひとつは非地震性すべりであり,もうひとつは地震ですべった断層の再固着である.

非地震性すべりは,沈み込むプレートの境界でプレート間地震が起こらなくなる深部では,すべりをまかなう主要な物理過程になる (2.7節d). 浅い部分でも,地震で解放できない応力を緩和する上で,また津波地震を含むスロースリップの発生機構として重要な役割を担っている.

非地震性すべりがもし粘性流動のようにすべり速度に比例する形で起これば,断層面に沿って応力の伝播や拡散が起こることが示される[43]. また,多数の小さな地震によってすべりが集積すると,全体として非地震性すべりと同じ効果をもつ.

断層面の挙動に関連して最近関心を集めているのは,摩擦則を用いて断層面のさまざまな性質を記述する試みである. 適当な摩擦則を使えば,破壊に対応する急速なすべりや,非地震性のゆっくりしたすべりばかりでなく,地震発生後の再固着も統一的に表現できそうだというのである.

岩石を切断して切断面に沿ってすべらせる実験によって,面に沿う摩擦の性質を調べることができる. 広く知られている摩擦則(アモントンの法則)によると,すべり方向と圧縮方向の応力の比が静摩擦係数を超えたときにすべりが開始する(図3.10左). すなわち,静摩擦係数は摩擦面が応力に耐えられる強度を決める. すべりの開始後は,すべり速度にあまり依存せずにすべり方向の応力が決まり,圧縮応力との比をとって動摩擦係数が求まる. このとき,動摩擦係数は静摩擦係数より小さい.

最近の地震学で注目されている「速度・状態依存摩擦則」

は，1970年代後半になされた岩石実験に基づいて，動摩擦の特徴を数式化したものである[44][45]．この摩擦則は，摩擦係数が動的なすべりによって不連続に下がり，また時間とともに摩擦面の固着が進む効果を，動摩擦係数の時間依存性で表現しようとする．

速度・状態依存摩擦則は，摩擦面では常にすべりが生じていると想定して，動摩擦の領域に着目する．通常は静摩擦の領域にあってすべりが存在しないと考える条件でも，非常に微小なすべりがあると想定する．動摩擦係数の変化で断層面の挙動をすべて表現しようとするのである．

この扱いで，動摩擦係数は定数部，すべり速度のみに弱く依存する部分，時間とともに変化する部分の和として書かれる．そのなかで，時間とともに変化する部分は，時間

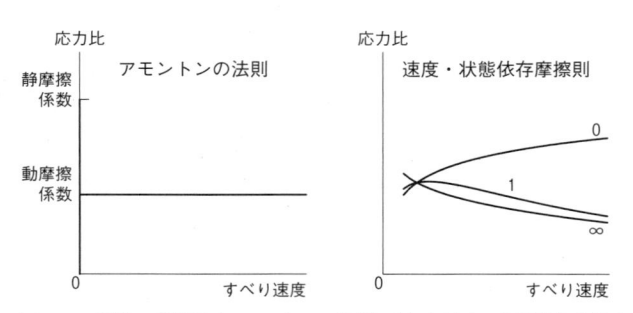

図3.10 通常の摩擦則（アモントンの法則，左）と速度・状態依存摩擦則（右）．応力比は，すべり方向の応力と面を押す圧力の比である．速度・状態依存摩擦則で曲線0は初期状態，1は途中のある時点，∞は最終状態で，動摩擦係数をすべり速度の関数として示す．

に関する常微分方程式の形で定式化され，すべりによる摩擦力の低下を表現する部分と摩擦面の固着を表現する部分から成る．ただし，その具体的な表式はかなり複雑で，研究者によって多少異なる提案がある．

ここでは動摩擦係数の代表的な表式を選び，定数を適当に設定して，動摩擦係数を計算した結果を示す（図3.10右）．この図で曲線0は動摩擦の初期状態を表わす．動摩擦係数はこの初期状態から時間とともに変化し，ある時間に曲線1の状態を経て，最終的には曲線∞の状態に落ち着く．

この図に見るように，動摩擦係数はすべり速度が小さいときは時間とともに増加し，すべり速度が大きくなると逆に減少する．言い換えれば，すべり速度が小さいときは断層面で固着が進む効果を，すべり速度が大きくなると静摩擦から動摩擦に移行する摩擦係数の減少を表現する．途中経過を示す曲線1の相対的な位置に注意すると，大きなすべり速度に対する摩擦係数の減少は，固着に向かう変化よりもずっと短い時間で起こることが読み取れる．

低速度で固着状態にあった断層が，あるとき高速度で突然すべり始めたとすると，まず曲線0にそって動摩擦係数が増加し，その後時間とともに曲線∞に向かって減少する．この図では最終的には動摩擦係数が最初の状態より下がり，その差が地震によってもたらされる応力降下量に対応すると理解される．

ところが，定数の選び方によっては，曲線∞がこれほど

下がらず，応力降下が起こらないことがある．この場合には，地震に対応する急激なすべりは発生せず，応力の蓄積は定常的なすべりによって解放されるものと解釈される．速度・状態依存摩擦則は非地震性すべりをこのように位置づける[21].

　速度・状態依存摩擦則は，定数を調整することで断層のそれ以外の挙動も記述する[21]．まず，時間スケールを決めるパラメータを変えることで，スロースリップと呼ばれるゆっくりしたすべりを表現する．また，固着状態に対応する摩擦係数の大きさを変えることで，アスペリティーに対応する固着域を断層面上につくることができる．

　この摩擦則を用いれば，すべりと固着から成る地震の周期的な発生ばかりでなく，非地震性のすべりが周辺の地震を準備する過程や，地震が周辺の別の地震を誘発する過程も一括して記述することができる．この機能を用いて，南海トラフ沿いに発生した一連の地震（2.8節 a）を，過去にさかのぼって数値シミュレーションで模擬することも試みられるようになった[45].

　このように，速度・状態依存摩擦則には多様な応用が可能だが，摩擦則自体の物理的な意味づけは必ずしも明快でない．例えば，固着した断層は表面エネルギーに対応する強度をもつはず（3.4節 b）だが，それが動摩擦係数の増加で表現できるのかどうかはっきりしない．定数の調整によって現象がうまく表現できたにしても，その物理的な妥当性は慎重に検証する必要がある．

3.5 地震発生場の性質と形成過程

ここまで地震は不均質な場で起こる破壊現象であることを述べてきた．それならば，地震が発生する場はどのように不均質で，どのような過程で形成されるのだろうか．この問題には，なぜ地震の規模や起こり方は多様なのか，なぜ大きな地震には余震がともなうのかなど，多くの基本的な問題が関わる．これらの問題について地震学で確立された解答はまだ得られていない．この節では，一連の問題を系統的に記述することを意図して，ひとつの仮説を展開する．

a. バリアによる地震発生場のモデル化

地震が発生する場の不均質と関連して，前節ではアスペリティーとバリアについて述べ，アスペリティーを基礎にするモデルの問題点を指摘した．ここでは，バリアを出発点にして地震現象を記述する別のモデルを提案する．ただし，このモデルはバリアのもともとの提案[40][42]からは多少逸脱する．

バリアは観測される短周期の地震波を説明することを主眼に導入されたが，ここでは破壊を止める役割に着目する．アスペリティーが破壊の開始を重視するのと対照的に，破壊の停止を中心課題にすえて，地震現象の体系化を試みるのである．

背後にある地震現象についての理解は，既に3.2節 b で

述べた．すなわち，破壊は頻繁に始まり，大部分はすぐに止められて小さな地震で終わるが，稀になかなか止まらない破壊が生じて，それが大きな地震になる．

バリアの概念に従えば，地震を起こす破壊は，自動車ででこぼこの道路を走るように，多くの障壁（バリア）を乗り越えながら拡大する．地震波が複雑な波形をもつのは，破壊がさまざまなバリアを乗り越えるためである．バリアが大きければ，乗り越えるときに強い地震波を出す．バリアが高すぎて超えられなければ，破壊はそこで止められる．

このときに問題になるのはバリアの実態である．バリアが表現する断層の不均質は，具体的には何の不均質なのだろうか．

3.4節 b では，破壊の開始や停止が(3.10)で定義される定数 s に支配されることを述べた．破壊は s が 1 より大きければ進行し，小さいと停止する．断層面上で応力や強度に不均質があれば，s も場所によって異なる値をとるから，バリアは s の不均質を意味すると理解できる．破壊を進める役割を強調して，ここでは s を破壊推進力と呼ぶことにしよう．

なお，s の大小によって破壊が拡大する速度も変わるので，s のでこぼこは地震波の性質に強く影響する．そこで，s の不均質でバリアを表現することは，短周期の地震波の発生を説明しようとするバリアのもともとの趣旨とも矛盾しない．

ただし，(3.10)は単純化された問題設定で得られた関係式なので，破壊推進力の厳密な定義というより，象徴的な表現式と理解すべきかもしれない．いずれにせよ，破壊推進力は断層の各点で応力とともに増加し，岩石の強度とともに減少する．破壊推進力があるしきい値より小さくなると，破壊は止められる．

実際には，破壊は2次元的に広がるので，先端の各点が破壊推進力をもち，相互に関係しながら破壊を拡大させる．破壊が完全に止まるのは，すべての点で破壊推進力がしきい値より下がったときである．

注目すべきことは，(3.10)のsが割れ目の長さ（の半分）aに比例することである．これを一般化すれば，破壊推進力は，岩石の強度や応力ばかりでなく，断層の構造や破壊の過去の履歴に依存する．地震の発達段階，すなわち今まさに拡大しつつある破壊の成長度合いを反映するのである．

このように，破壊推進力は地震ごとに異なる値をとるので，同じバリアが地震によって乗り越えられたり止められたりする．前の地震が止められたバリアも，破壊推進力を高めた次の地震は乗り越える可能性がある．そこを乗り越えた地震が，さらに多くのバリアを越えて大地震にまで発達したら，前の地震は前震，後の地震は本震と呼ばれるようになるだろう．これが前震と本震の関係である．

余震は次のように理解できる．もし地震の発生する場が均質ならば，本震に対応する大きな破壊で応力は解放し尽

くされる（3.4節b）．しかし，応力や強度は不均質なので，一度の破壊では応力は解放し切れない．本震の発生後にも不均質な応力が残され，ときには新たに造り出される．ところが，本震によって強度は全体的に下がるので，破壊推進力は平均的には大きくなり，新たな破壊があちこちで誘発される．これが余震である．

　地震予知にとって重要なのは，災害を起こすような大きな地震がなぜ起こるかという問題である．断層の不均質にはさまざまなスケールのものが含まれるはずだから，大きな空間スケールの不均質に対応して大きな地震が発生することは，確率的にはありうる．しかし，それだけでは説明できないのが固有地震の存在である．

　固有地震を始めとして，大きな地震は特定な場所で繰り返し発生する傾向がある．バリアの観点に立てば，大きな地震が発生しやすいのは，応力や強度が相対的に均質な場所である．そこでは破壊推進力も変動の幅が抑制されるので，十分に成長した破壊が止められる可能性が低いからである．

　相対的に均質で，強度のばらつきの少ない領域があれば，プレート運動などの効果も均質にいきわたるので，応力のばらつきも小さくなるだろう．こんな領域では，そこを縦断するような大きな地震が繰り返される可能性が高いと思われる．応力が一定の割合で蓄積されれば，地震の発生は周期的になるだろう．これが固有地震の理解である．

　このような固有地震の場は，統計的な確率で偶然生まれ

るばかりでなく，地震が繰り返す過程で必然的に成長し形成されることにも注意しよう．類似の地震が繰り返されることによって，その震源域は均質化され，応力や強度のばらつきが抑えられるからである．これは，次項で述べる自己組織化の一例である．

逆に，応力や強度のばらつきが大きく，不均質性の高い場所では，破壊の拡大が途中でランダムに止められる可能性が高い．そのような場所では，大きな地震は発生しにくいので，蓄積された応力は，群発地震のような類似の規模の地震によって解放されることになる．応力や強度の不均質は群発地震が発生しても解消されない．

以上がバリアの概念の延長上で得られる地震発生のモデルである．このモデルは，アスペリティーを基礎とするモデル（3.4節c）とは以下のような違いがある．まず，大きな地震が繰り返す固有地震の場は，アスペリティー・モデルでは破壊強度の大きな領域とみなされたが，バリア・モデルでは破壊強度の不均質が小さい領域と理解される．

また，固有地震の場の周辺は，アスペリティー・モデルでは強度の弱い領域で囲まれ，地震発生時には応力が解放され尽くしている．バリア・モデルでは不均質性の高い領域で囲まれ，それが破壊の拡大を止める原因となる．バリア・モデルでは，周囲の条件や破壊の発達段階の微妙な違いで，この不均質領域が乗り越えられることがあり，それが地震の「連動」を起こす．

b. 自己組織化による地震発生場の形成

　地震発生場に期待される応力や強度の不均質は，どのように形成されるのだろうか．ここで提案する回答は，フラクタルの用語を使えば以下のように要約できるだろう．地震発生場は臨界状態で自己組織化のメカニズムが働いて成長する．

　臨界状態とは，全体を構成する個々の要素に2つの選択肢があるとして，そのどちらを選ぶかで要素が揺れ動く状態である[46]．例えば，個人がある株を買うべきか売るべきかで悩む状態がそれである．経済全体から見ると，そのゆらぎが互いに作用し合って株価が変動する．

　このとき，要素の相互作用の結果として，特定な偏りをもつ構造が形成されることがある．その作用が自己組織化と呼ばれる．例えば，多くの株主が景気の下落を意識して株を売り急げば，その連鎖によって世界的な不況がもたらされる．

　地球科学が対象とする現象で自己組織化の例としてよく取り上げられるのは，河川の形成過程である[46]．余談ながら，火山の活動するハワイ島からホノルルに向かう機上で次々に下を通りすぎる火山島をながめて，私もこの問題に興味を抱いたことがある．マグマの噴出で造られた新しい地形が，時とともに段階的に浸食されていく．そのようすが短い飛行時間に濃縮されて観察できるのである．

　河川の成長過程では，本流の発達につれて支流が次々に枝分かれして，フラクタル構造をもつ流路の体系が生み出

される．地面の各点は，雨水に満たされて浸食を受けたり，堆積物がたまって陸に露出したりして，その間でゆらぐ状態におかれる．ゆらぎがさまざまなスケールで併存する中で，成長を早めた流路が多量の雨水を集め，競合する流路を抑えたり併合したりして支流を延ばし，支配領域を広げていく．この自己組織化の結果として，河川の体系が形成される．

このような河川の形成過程は，コンピュータを用いた簡単なシミュレーションでも模擬することができる[46]．そのためには，一様な降水によって地形の各点で流れが生じ，流量や地形の傾斜に応じて浸食や堆積が起こると仮定するだけでよい．シミュレーションでは，最初に与えたわずかな地形のゆらぎから，実際の河川と類似な枝状の構造が造られていく（図3.11）．フラクタル次元も実際の河川と類似な値をとる．

地震が発生する場もやはり自己組織化によって形成されると推定される．その形成過程では，破壊によって断層ができたり，固着によってそれが消えたりする状況があちこちで繰り返され，そのゆらぎが臨界状態をつくり出す．成長途上にある断層の中で，応力の解放に向けて協調できる断層同士が相互に成長を促進し，共存できない断層を消し去ったり併合したりする．それが繰り返される中で，断層とすべりの体系が造られていく．

プレート境界が誕生する際には，プレート間の速度差によって局所的に強い応力集中が生じるので，明確な速度差

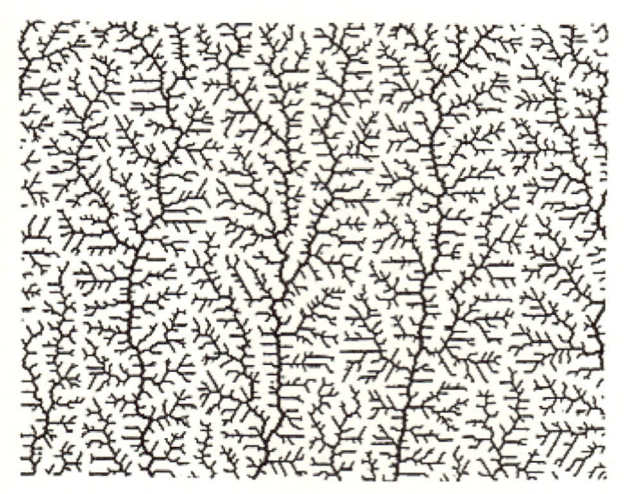

図 3.11 コンピュータ・シミュレーションにより得られた河川の構造．初期のわずかな地形のゆらぎから，雨水の流れと浸食によって枝状の河川の構造がつくられる．［高安秀樹・高安美佐子：経済・情報・生命の臨界ゆらぎ，ダイヤモンド社，2000 より］

で分離される断層の体系が狭い範囲に生み出されて，プレート境界を形作るものと推測される．この場合でも，自己組織化で生まれる断層面はなめらかな一枚の面にはなりにくく，成長過程の痕跡として，面のゆがみや雁行などの不均質性が残されるだろう．それがプレート境界で地震のバリアになるものと理解される．

　内陸地震の場では，応力はもっと広範囲になだらかに分

布するものと思われる．応力を緩和する構造として自己組織化によって造られるのは，特定な面に集中する断層ではなく，広範囲に広がる断層のネットワークで，それが活断層の体系となるのだろう．

弾性体の各点で破壊や固着が進行するようすが定量的に表現できれば，自己組織化による断層系の形成過程はコンピュータを用いたシミュレーションで模擬できそうである．それができれば，断層のもつ不均質の特徴がもっと定量的に取り出せるようになる．

地下の断層は河川のように簡単には観察できないが，内陸地震の断層はよく地表に露出する．断層の形成過程のモデルを検証するには，その構造を詳細に観察することが役立つだろう．

3.6 噴火予知の科学

噴火は地下深部から上昇してきたマグマが地表に噴出する現象である．噴火現象がどう理解され，噴火予知にどう活用されるかについて以下に概要をまとめてみよう．

a. 噴火のモデル

噴火の原因となるマグマは，地下数十 km の深さでマントルの岩石が一部分融解することによって生み出される．マグマは周囲の岩石より密度が小さいので，浮力を受けて上昇する．地表に近づくにつれて岩石の温度が下がるの

で，マグマの上昇は冷却による固化との戦いになる．その過程で自己組織化の作用が働いて，マグマがまとまって上昇する通路が形成されるのだろう．

　地表付近の岩石は，微小な割れ目などの空隙を多量に含むために，密度がかなり小さくなる．そのために，深部から上昇してきたマグマは，10 km前後の深さで浮力を失ってマグマだまりを形成する．何らかの条件を満たしてマグマが再び上昇を始め，地表に達すると噴火が起こる．深部からのマグマの供給が定常的でも，マグマだまりでいったん蓄積されるために，噴火は間欠的になる．

　噴火予知にとって重要なのは，噴火が発生するタイミングである．2.4節に例を上げたように，噴火はしばしば周期的に起こる．また，前兆現象として噴火前に火山の膨張が観測される（2.3節b）．そこで，深部からほぼ一定の割合で供給されたマグマが，十分な量だけマグマだまりにたまったときに，その圧力で地表に向けたマグマの上昇が始まるものと推定される．

　ところが，噴火の発生はしばしば期待される周期からはずれるし，周期性が明確に見られない火山も少なくない．キラウエア火山やエトナ火山など，噴火が頻発する火山で噴火発生間隔を解析すると，時系列に自己相似性が見られるという[47]．ただし，そのフラクタル次元は火山や解析期間によってばらつきが大きい．解析には噴火年代の多数の記録が必要になるので，時系列のフラクタル次元が計算されているのはごく限られた火山である．

マグマには水や二酸化炭素などの揮発性成分が含まれる．これらの成分は深部ではマグマに溶解するが，マグマが地表に近づいて圧力が下がると，発泡して気体になる．揮発性成分の割合は重量にすると数パーセント以内だが，浅部で気体に変わると体積では液体部分より大きくもなりうる．上昇途上で発泡が起こると，マグマの密度は急速に下がり，上昇は加速される．

重要なのは，マグマ中の揮発性成分が噴火の様式を支配することである（図3.12）．発泡した揮発性成分は最初気泡として液体マグマ中に分布する．この状態を気泡流と呼ぶ．ところが，浅部で膨張した気泡は，液体の枠組みをしばしば壊してしまう．そうなると，マグマ全体は気体で満たされ，そこに液体マグマの破片が浮くことになる．この

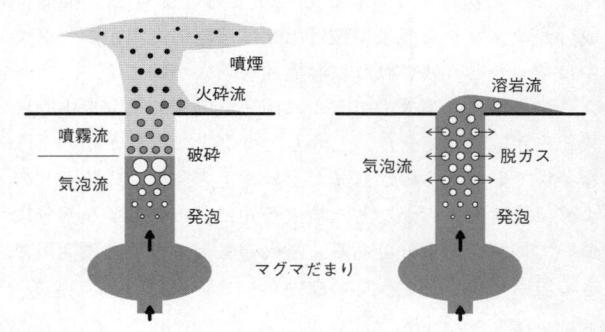

図3.12 マグマの穏やかな流出（右）と爆発的な噴出（左）．上昇過程でマグマから揮発性成分がどれだけ抜け出すかによって，噴火様式の違いが生じる．

状態を噴霧流と呼ぶ．

　マグマが気泡流の状態で流出するのが溶岩である．溶岩はマグマの粘性率が低いと溶岩流になり，高いと噴出点に累積して溶岩ドームを造る．一方で，砕かれて噴霧流になったマグマは噴煙として上空に上り，広域に火山灰を降らせる．また，火砕流として山腹を流れ下り，流域を焼き尽くす．砕かれたマグマの破片のなかで，大きいものは噴石として弾道を描いて火口の周囲に飛び散る．

　マグマが溶岩として穏やかに流出するのか，噴霧流として爆発的に噴出するのかによって，噴火がもたらす災害の性質が大きく異なる．そこで，噴火様式が流出なのか爆発なのかは，噴火予知にとって重要な課題である．

　噴火様式は，マグマの上昇過程で揮発性成分がどれだけマグマから抜け出すかによって決まる（図3.12）．揮発性成分がマグマから多量に抜け出せば溶岩の流出が，マグマ中に多くがとり残されれば爆発的な噴火が起こる．

　このように，噴火のモデルは揮発性成分の役割を中心に枠組みが固まってきた．しかし，マグマの上昇がどのような条件で開始するのか，また上昇途上で揮発性成分がどのように抜け出すのかなど，噴火予知にとって重要な部分について理解が不十分である．噴火のモデルが予知に活用できる段階にはまだ至っていない．

b. 噴火発生の場

　噴火予知にとってもうひとつの課題は，噴火が発生する

場所を予測することである．火山の多くは山頂に火口をもち，そこから噴火を繰り返す．しかし，噴火はいつも山頂火口で起こるわけではなく，山腹に新しい割れ目をつくってそこからマグマを噴出することも稀ではない．このような割れ目噴火は，火山のどこからでも起こりうるので，その予測は防災上も重要である．

　山頂噴火と山腹噴火の間で選択がどのような条件でなされるのか，確定的なことはわかっていない．ただ，山腹噴火の発生場所や割れ目の延びる方向には火山ごとに特徴があり，それが火山の置かれた地殻の応力状態に支配されることは知られている．中部日本から伊豆諸島にかけて分布する一連の火山を例にとって，それを説明しよう．

　図 3.13 は伊豆周辺の5つの活動的火山の地形と火口分布を示す[48]．このうち，浅間山，富士山，伊豆大島，三宅島では噴出物の累積によって山頂を頂点とする地形の高まりができており，山頂には火口がある．ただし，噴火の起こり方には4つの火山で違いがある．浅間山の最近の噴火は山頂のみで起きてきたのに対して，他の火山では山腹でも割れ目噴火が繰り返されてきた．

　山腹の割れ目噴火にも違いがある．噴火割れ目は三宅島では山頂のまわりに放射状に広がるが，富士山，伊豆大島の噴火割れ目は明確な偏りをもって北西から南東に向く．噴出の仕方は火山の形にも影響し，浅間山，三宅島の地形が山頂のまわりにほぼ対称な円錐台であるのに対して，富士山，伊豆大島は火山が北西側と南東側に偏って成長して

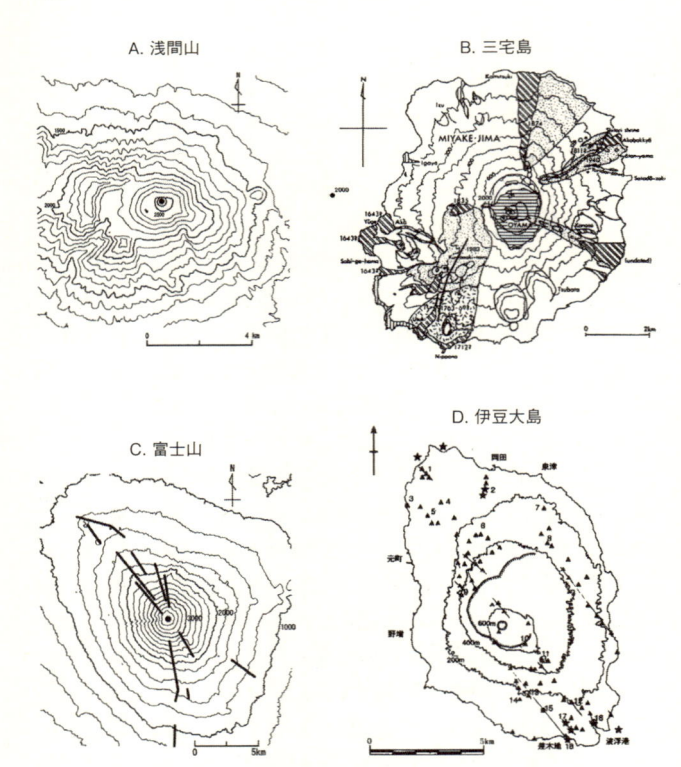

図 3.13 伊豆周辺の5つの活動的火山の地形と火口分布. 浅間山, 三宅島, 富士山, 伊豆大島, 伊豆東部火山群の順で, 山頂噴火と比べて割れ目噴火の重要性が増す. この特徴は火山に働く応力の強さの違いによって説明される.

E. 伊豆東部火山群

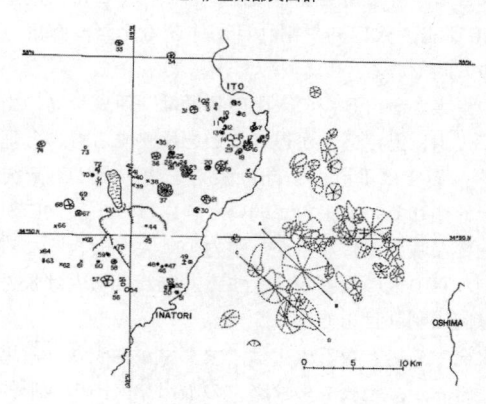

等高線が楕円になっている．

　この4火山と対照的に，伊豆東部火山群には火山の中心となる山頂も山頂火口もなく，単発的に生じた100以上の小さな火口が類似な規模で広範囲に分布する．ただし，火口の分布はでたらめではなく，北西から南東に向く軸の上に並ぶ何列かのグループに分けられる．火口の並びは噴火割れ目の痕跡を残して特定な向きをとるのである．

　要約すれば，5火山の噴火は浅間山，三宅島，富士山，伊豆大島，伊豆東部火山の順で山頂火口の役割が小さくなり，代わりに割れ目噴火が主役をつとめるようになる．割れ目噴火ばかりが起きた伊豆東部火山群は，伊豆半島が本州に衝突する境界に最も近く，5火山の位置（図2.11参

照）はこの順番で衝突境界に近づいていくことに注意しよう（2.6節 a）. 火口列や割れ目が伸びる北西〜南東方向は衝突の方向である.

この事実から, 5つの火山の特徴は, 伊豆半島の衝突によって火山に働く応力が違うことを反映するものと理解できる[48]. 衝突は垂直な方向に張力を生み出す. 衝突境界から十分離れていて張力が弱いときには, 山頂火口がマグマの主要な噴出口になるが, 張力の効果が大きくなるにつれて割れ目噴火の役割が増大する. 割れ目噴火は張力に垂直な方向に割れ目を伸ばす.

噴火発生の場となる火山は, マグマが生成される場所の上にできるが, 地表へのマグマの噴出や火山の地形的特徴は, 地殻の応力状態に強く影響されるのである.

4章 予知の展望

 ここまで,地震予知や噴火予知に関連する基礎概念や科学的な基盤を実例や問題点とともに概観してきた.予知が社会の要望に十分に応えられるようになるまでに,まだ遠い道のりがあることが認識いただけたものと思う.この章では,予知を社会にもっと役立つものにするためにどう改善していったらいいのか,予知の実用化を進める方策について議論したい.

 議論の準備として,まず現在の予知の能力を評価して問題点を洗い出すことを試みる.予知が不満足な状態にあるのは,根本的には地震現象や噴火現象に関する理解が不十分であるためなので,次に予知の科学的基盤と予知手法のあり方について検討する.最後に,予知を実施する体制や予知計画を策定する体制について問題点や改善策を考える.

4.1 予知能力の評価

 地震予知や噴火予知が現在どの程度の予測能力を有するかを評価することは,今後の予知のあり方を検討する出発

点になるばかりでなく,社会が現在どこまで予知を頼りにできるかを判断する材料になる.予知の能力がまだ不十分であることは広く認識されているが,それがどの程度不十分なのか,またどの部分に問題があるのかを明確にすることが能力評価の目的である.

予知能力は,公式には国家事業としての予知計画を5年ごとに更新する際に,評価が見直されてきた.しかし,それは年次計画として実施された内容の達成度を評価することが主な目的であり,予知の総体的な能力については必ずしも十分に検証されてきたとは言えない.

そこで,ここでは独自な視点で評価を試みる.本書では,1章で東北地方太平洋沖地震の対応について検証し,2章で予知の歩みと現状を眺め,3章で予知の学術的な基盤を議論してきた.予知能力の評価は,ある意味でそれらをまとめる作業ともいえる.

ただし,評価にはどうしても主観が入る.特に,地震現象の発生過程については基本的な理解がまだ固まっておらず,予知の可能性に肯定的な立場と否定的な立場の間で見解に隔たりが大きい.ここで述べるのはあくまでも私の個人的な評価である.評価の趣旨は,予知能力について判断するひとつの材料にしていただくことにある.

a. 評価の項目と基準

予知はさまざまな部分から構成され,それらが有機的に結合して全体が機能する.そこで,総体的な能力を描き出

すためには各構成要素の評価が欠かせない．今後の予知を展望する上では，構成要素のどこに弱点があるかを探るのが重要である．これらの点を考慮して，予知能力の評価項目を表4.1のように定めてみた．

この評価の枠組みでは，まず予測すべき内容から予知を中長期的な予知，短期的な予知，現象発生後の対処に分け，それぞれについて手法，実績，防災への活用について評価する．次に，予知を実施する組織と実用化を図る組織に分けて，予知の体制に関連する事項を評価する．さらに，予知の学術的な基盤について検討する．

ここまでは地震予知の記述に比重をおいてきたが，本章では地震予知と噴火予知を並べて検討する．2つを比較することで，単独で見るより達成度や問題点が鮮明に理解でき，今後進むべき方向について考察しやすいからである．

評価はA, B, Cの3段階で行った．Aは，肯定的に評価できる内容がかなりあり，一応満足できると思える状況である．Aにあまり理想的な状況を求めると，該当するものがなくなってしまうので，できるだけ肯定的な側面を評価して，Aに該当する項目を増やすようにした．

同様な趣旨で，肯定的に評価できる内容が多少あるものをB，それがほとんどないものをCとする．逆に見て，評価できる内容があっても今後検討すべき重要な問題点があるものをB，かなり深刻な問題を抱えるものをCとしたこともある．

表 4.1 予知能力の評価

評価項目	地震予知	噴火予知	関連事項
中長期的な予知			
予測手法	C	B	確率予測,活火山の認定と分類
予測実績	B	B	危険度の分類,最大規模の災害評価
防災への活用	A	A	ハザードマップ
短期的な予知			
予測手法	C	B	前兆現象
予測実績	C	B	噴火の発生予告
防災への活用	C	A	警戒宣言,火山情報,避難勧告
発生後の対処			
対処の方法	B	B	緊急速報,統計則,過去の事例
対処の実績	B	A	余震の予測,推移や終息の判断
防災への活用	A	A	緊急対応,避難の解除
予知を実施する体制			
自然現象を予測する体制	B	A	予知連絡会,地震調査委員会
予測情報を発信する体制	B	A	気象庁,国土地理院,文部科学省
観測と調査	A	A	地震観測,地殻変動観測,地質調査
防災との連携	A	A	防災計画,避難指示
予知の実用化を図る体制			
推進策の策定	B	B	学術審議会,地震調査研究推進本部
観測・調査体制の整備	A	A	地震観測,地殻変動観測,地質調査
基礎研究の推進	A	A	大学,国の研究機関
予知の学術的な基盤			
現象の理解	B	B	発生過程,発生機構,発生場
予知手法の開発	C	B	前兆現象の理解

評価　A:評価できる内容が多く,ほぼ満足できる状況である.
　　　B:評価できる内容がかなりあり,問題点が少ない.
　　　C:評価できる内容に乏しいか,重要な問題点がある.

b. 評価の試み

 評価項目の各々について私が下した評価を表4.1に書きこんだ．繰り返しになるが，評価には主観が排除し切れない．私は一時期噴火予知体制の中心にいたので，その内実をよく知ることがおそらく噴火予知の評価を甘くする．また，地震の確率評価（2.1節b）やアスペリティー・モデル（3.4節c）に懐疑的なので，それらに対しては厳しい評価を下しがちになる．

 評価項目自体は一般的な内容であるが，議論が散漫になるのを避けるために，ここでは評価の対象を国内の状況に限定する．評価対象を世界に広げても，学術的な基盤や予測手法の評価はあまり影響を受けないが，体制に関連する評価は国によって変わり，予測実績にも違いが出る．この前提の下に評価の内容に入ろう．

 中長期的な予知は，地震予知も噴火予知も過去の事例を基礎にする．予知の方法として，噴火予知では活火山の認定と活動度による3段階のランクづけ（2.4節d）を，また地震予知では地震発生の確率予測（2.1節b）を，評価で主に考慮した．この視点から見ると，地震予知では内陸地震の危険度の評価が不十分であり，噴火予知ではカルデラを形成するような大規模噴火への対応が検討されていない．

 これらの点は方法と実績の両面で減点材料となる．さらに，地震予知は確率予測の物理的な基礎が弱く，特に内陸地震についてはその有効性が疑われる．表4.1の評価はこのすべてを考慮した結果である．

この評価項目との関連で東北地方太平洋沖地震を取り上げれば，地震の発生が迫っていることは事前に明確に予測されていたから，その点は評価できる（1.4 節 a）．ただし，予測された地震の規模は大幅に違っており，「連動」の可能性についてほとんどまったく考慮がなされなかった．このことは重要な反省材料である．

　中長期的な予知の防災への活用については，ハザードマップの作成などで，現状で得られる情報が有効に使われているものと判断した．例えば，南海トラフ沿いの地震で予想される津波については，既にさまざまな予測データがある．噴火との関連では，AランクとBランクのほとんどの火山で，既にハザードマップが作られている．

　短期的な予知については，噴火予知では前兆現象を捉えて噴火の恐れを事前に予測して防災に活用した実績をもつ（2.4 節 a, b）．しかし，前兆現象が見つかっても予知情報が社会に確信をもって発信できる噴火は限られている．また，規模や様式の予測には見通しが立っていない．この点で方法や実績が満足な状態にあるとはいえないので，評価をBとした．防災への活用は，得られる範囲の予知情報を十分に活用していることを評価した．

　一方で，地震予知は短期的な予知の方法に明確な見通しが立っておらず，国内では実績もない．東北地方太平洋沖地震についても，短期的な予知は手つかずの状態で，その役割は確率予測に押しつけられていた（1.4 節 b）．アスペリティー・モデルなどの方法論にも，基本的な問題が解消

していないように思える (3.4節 c). そこで, すべての項目について厳しい評価を下した.

発生後の対処の関連では, 地震予知では防災上極めて重要な対処に津波に対する警告がある (1.4節 c). また, 先行する P 波の到来に基づく緊急地震速報 (2.7節 b) や, 余震発生の時間的な推移を表現する統計則に基づく予測がある. 噴火予知では, 過去の事例に照らして観測データから火山内部の状態を推測する方法で, 現実の噴火への対処がなされてきた (2.4節 a, b).

これらは防災に一応の貢献をしているとはいえ, 方法には今後精度の向上が求められる. 対処の実績については, 噴火予知でほとんどの噴火後に活動の推移について防災向けの情報を出していることを評価した. 防災側の受け止め方は一般的には良好なものと判断した.

予測についての評価をまとめると, 中長期的な予知と短期的な予知の両方について, 予測手法が不十分なことが満足な予知のできない根本的な原因になっている. それは予知の学術的な基盤の弱さを反映したものとみなすことができる. そこで, 表 4.1 で最後に上げた学術的な基盤について次に検討する.

予知の学術的な基盤は, 表 4.1 では現象の理解と予知手法の開発に分けた. 現象の理解とは, 地震現象や噴火現象の発生過程, 発生機構, 発生場の理解をさす. 予知にとって特に重要なのは, 現象の規模や発生のタイミングが何に支配され, どのように決まるかを解明することである.

この点から見ると，地震現象も噴火現象も理解が予知の基盤としてはまだかなり脆弱である．地震や噴火の周期的な発生は単純なモデルで記述できるが，予知にとって重要な周期の乱れが何に起因するかは明らかにされていない．評価は B としたが，発生場の理解が特に不十分であることを付記しておく．

　予知手法の開発と関連してまず求められるのは，前兆現象が発生する理由を明確にすることである．この点では地震予知と噴火予知の間で明らかな差がある (2.3 節 b)．噴火予知については前兆現象の意味が噴火に至る過程との関連でよく理解されている．ただし，類似な異常現象の中で噴火に結びつくものと結びつかないものを判別する方法は知られていない．地震予知については，どのような状況で何が前兆現象になるかも理解が曖昧である．

　以上の評価と関連した内容は，4.2 節と 4.3 節でさらに議論される．予知に関連する体制については，ここまでに述べてきた評価項目と性質がかなり異なるので，4.4 節でまとめて考察する．

4.2　予知科学の推進

　予知の実用化を進めるために現在最も必要とされているのは，予知の基盤となる地震現象や噴火現象の学術的な理解を深めることである．その目的に向かって，具体的にどのような問題を解明したらよいのか，それはどのような方

法で進めればよいのかを考える.

a. 現象の理解

　地震や噴火の発生機構は最も単純化すれば次のように理解できる. 地震はプレート運動によって蓄積された応力が, 強度の限界を超えたときに, 断層面に沿う破壊で一挙に解放される現象である (3.4節 a). 噴火はマントルで発生したマグマが地殻内のマグマだまりに蓄積し, その容量の限界を超えたときに, まとまって地表に噴出する現象である (3.6節 a).

　この単純なモデルは, 地震や噴火が同じ規模で周期的に発生することを示唆する. 現実には, 地震も噴火も規模の大きいものから小さいものまで多様である. 発生の時期に周期性が見られることもあるが, 周期が乱れることもあり, 周期性がほとんど認められないこともある. 類似な現象が周期的に発生するという理解は, 予知の基盤としては不十分であり, その基盤の弱さは東日本大震災のように重大な災害をもたらす地震や噴火でしばしば露呈される.

　現実の地震や噴火が発生する場や条件はかなり複雑であり, おそらくフラクタル性を有する (3.2節 c, 3.6節 a). 予知に社会的な要求に見合う内容をもたせるためには, この複雑さをどう考慮するかが中心的な課題となる.

　地震の発生過程については, フラクタル理論に基づくかなり系統的な研究が進められてきた. しかし, これらの研究の多くは抽象的で, 現実の地震現象の理解にどこまで役

立つのかがはっきりしない．噴火については，フラクラル性を考慮した研究自体が極めて少ない．

現状では，フラクタルやカオスの概念が現象のどこにどう適用できるかがまだよくわかっていない．地震現象や噴火現象の複雑さを具体的な発生過程と関連させて現実に即した形で究明することが求められる．フラクタル性を示す根拠とされる統計則については，べき乗則が成立する条件や範囲をもっと明確にする必要がある．

現在，地震予知の分野では，アスペリティー・モデルが予知の基盤として多くの地震学者の注目を集めている（3.4節c）．このモデルの問題点を吟味して，本書ではバリアの概念を基礎とする別なモデルを提案した（3.5節a）．地震現象の理解を深めるには，この議論で提示された問題点をさまざまな観点から煮詰めていくことが有効だと思える．

噴火現象については，フラクタル性などの複雑性を考慮することに火山学者はあまり熱心でない．しかし，噴火の時期や規模が大きく変動することはどの火山でもよく見られる．このようなゆらぎの原因を究明することは，特に大規模な噴火の可能性を長期的に評価する上で今後重要な課題になっていくだろう．

b. 研究の推進策

地震現象や噴火現象の理解を深める上で基礎になるのは観測データである．地震や噴火の発生に向けて，その準備

がどのように進むのかを詳しく探るために，特に重要なのは現象の発生前に発生源に近接する高密度の観測網で得られたデータである．地震観測や火山観測で蓄積されてきたデータは豊富であり多彩であるが，この要求を満たすデータは必ずしも多くない．

もし準備過程の解明を目的とする観測網を事前に組んで待ち構える状態で，地震や噴火の発生を経験できれば，現象の理解は飛躍的に深まるだろう．ところが，それを確実に実行するためには，地震や噴火の発生を事前に知る必要がある．このジレンマはどう解決できるのだろうか．

噴火の発生は前兆現象を用いて事前に知ることがかなりの程度可能なので，噴火については発生過程を理解するための実験的な観測を機会あるたびに実施して，基礎データを積み上げることが望まれる．地震については事前の発生予測がむずかしいので，準備過程に焦点を合わせるような観測計画は立てにくい．そこで，方策に工夫が必要である．

方策のひとつは，現在まさに短期的な地震予知に挑戦している東海地震を利用することである（2.6節）．この地震は，海溝型地震には珍しく，想定される断層を囲むような観測が可能である．ここを地震予知の実験場とみなして，既に設営された観測網に加えて，各種の実験的な観測が多くの研究者によって幅広くできるように，予算措置などの体制を整えたらどうだろう．

しかし，東海地震がいつ発生するかは不明だから，もう

少し確実にデータを得る方策も考える必要がある．その方策としては，地震現象の自己相似性を想定して，相対的に発生頻度の高い小規模な地震に照準を合わせることが考えられる．小規模な地震で特に観測がやりやすいのは地震が群発するときである．大きな地震が発生した後の余震も重要な観測対象となる．

　実際には，群発地震についても余震についても既に多数の観測実績がある．今までに得られたデータを地震の発生機構や発生場の解明に焦点を合わせて改めて解析しなおしたら，そこから新しい事実が発掘できるかもしれない．今後新たに観測を計画するのなら，目的を具体的に絞って観測に臨むことが有効だと思える．

　余震の観測については，例えば次のような課題が目的になりうる．まず，余震が本震と同一の断層面で起こるのか，隣接する別の断層で起こるのかを解明したい．また，本震と余震で応力はどのような割合でどう解放されるのかも理解したい．大きな余震はさらにその余震をともなうので，それを追跡すれば，さまざまな規模の地震によって応力が階層的に解放される構造が見えるかもしれない．

　地震や噴火の発生過程を解明する上で，観測と並んで重要な手段となるのはコンピュータを用いたデータ解析や数値シミュレーションである．コンピュータの性能は10年間で1,000倍に向上するといわれているが，地震現象や噴火現象との関連では，コンピュータの性能を十分に活かすような高度な解析や数値シミュレーションは必ずしもなさ

れていない.

例えば，地震の理論波形の計算には，通常は応力状態を考慮せずに断層面上に適宜設定したすべり分布が想定されるので，観測された地震動は応力状態の変化とすぐには結びつけられない．また，噴火現象のシミュレーションでは，マグマの定常的な流れが仮定されることが多いので，噴火の開始から終息までの時間的な展開について議論が進まない．

今後の研究では，地震や噴火が準備段階から現象の発生を経て平穏な状態に戻るまでの経過を，付随するさまざまな現象とともに，数値シミュレーションで定量的に描き出すことが重要な課題になるだろう．このような数値シミュレーションは，最終的には予知の強力な武器になると期待されるが，当面は仮説を観測データと定量的に比較する道具とみなして，発生機構の理論を現象のさまざまな部分と関連づけるために活用することができる．

地震や噴火の発生場や発生条件を，フラクタル性や自己組織化の機構とも関連づけて，原理的な側面から究明するうえでも，数値シミュレーションは重要な手段となる (3.5 節 b, 3.6 節 b)．この種の研究は実際の現象との比較が間接的になりがちなので，仮説と実際の現象の距離をできるだけ縮めるうえでも，数値シミュレーションの機能を強化することが求められる．

いずれの場合も，地震や噴火の発生過程を現実に即した数値シミュレーションで表現するためには，多様な観測事

実を含めた現象の総合的な理解,変形・流動・破壊などを解析して現象を定式化する能力,それを計算プログラムにまとめる技術,大容量の複雑な計算を許容できる時間内に高速で実行する技術がそろう必要がある.それらすべてを個人や小規模な研究グループでまかなうことは,研究や技術の細分化が進むにつれて次第にむずかしくなってきた.

この状況に対処するためには,役割を分担して大規模なソフトウエアを共同で開発したり,基盤となるソフトウエアを共有したりする措置を講ずる必要があろう.従来の予知計画は観測体制を充実させることに重点を置いてきたが,今後は数値シミュレーションの基盤を整備することにも目配りをすることが望まれる.

4.3 予知手法の刷新

予知の基礎になるのは地震現象や噴火現象についての学術的な理解であるが,それは意図したからといって容易に進歩するものではない.その制約の下で,予知の実用化に向けて予知手法をどう改善すべきなのか,またどう改善できるのかを考えたい.

2.1節cでの分類にしたがって,予知手法の改善方法は中長期的な予知と短期的な予知に分けて検討するが,ここでは中長期的な予知をさらに長期的な予知と中期的な予知に細分する.この分類は,文字通りに期間の長さを表わすというより,予知の目的や内容の違いに対応することに注

意してほしい.

予知手法の展望は,地震現象や噴火現象の加速性に注目することで広がる可能性があるので,それについても目を向ける.

a. 中長期的な予知

表4.1の評価では中長期的な予知は一括して扱ったが,長期的な予知と中期的な予知は本来趣旨が異なる (2.1節c). ここでは, 2つの関係を整理し,そのあり方を考えてみよう.

長期的な予知とは,ある場所に着目して,地震や噴火が原因となる災害の影響を,人間生活と関係する範囲で十分長期にわたって予測することである. 着目した場所に対して,地震や噴火による災害の危険度を総括的に評価することと言い換えてもよい. 長期的な予知で得られる情報は,例えば都市の開発や重要施設の建設を計画する際に,候補地の適性を判断する材料として使われる. この情報には,地盤の強固さや液状化の可能性など,対象とする地域の特性を盛りこむことも重要である.

中期的な予知の方は,個々の断層や火山で地震や噴火がどのような頻度や規模で起こるかを問題にする. 予知の内容には,次の地震や噴火がどの程度さし迫っているかも含まれる. 予知の目的は,対象となる地震や噴火に対する防災の必要性や緊急度を,準備に使える時間的な余裕とともに示すことである. 中期的な予知が精度よくできるように

なれば，最大規模の災害を必ずしも想定せずに済むので，過剰な防災対応を避けることができる．

ここで問題にするのは，中期と長期という時間の長さではなく，目的の違いである．中期的な予知は災害の原因となる地震や噴火に着目し，長期的な予知は被災を受ける場所に着目する．両方とも，時間的には緊急性の異なるさまざまな地震や噴火の影響が混在する．

原理的には，中期的な予知で得られた個別の地震や噴火に関する予測を，場所ごとに再編成することで，長期的な予知の内容が得られる．ただし，特定の断層や火山で起こる現象が災害のほとんど唯一の原因となる場所では，中期的な予知だけでも防災の目的は達成される．

現実には，個別の地震や噴火に関する情報が得られたとしても，それを防災にどう活かすかはしばしば問題になる．例えば，頻度は低いが起こると大災害に結びつく大地震や大噴火と，災害の規模はあまり大きくないが出遭う可能性の高い小規模な地震や噴火を，ハザードマップや防災対応でどのような兼ね合いで取り上げるかという問題がある．この問題には一般的な指針はなく，大地震や大噴火がどれだけ切迫しているかなど，中期的な予知の精度にも対応は大きく依存する．

中長期的な噴火予知との関連で，4.1 節 b ではカルデラの発生をともなうような巨大噴火について評価がなされていないことを指摘した．噴出物の調査によって，過去の巨大噴火の状況はかなり詳細に把握されているが，防災にと

ってはその影響が大きすぎて，ハザードマップなどに取り込めないでいるのである．

この問題に対処するには，巨大噴火がどの程度切迫しているかを，中期的な予知の精度を上げて評価する必要がある．そのためには，大規模な噴火が発生する条件について研究の進展が望まれる．現象の加速性についての考察(4.3節c)は，その目的に役立つかもしれない．

地震予知との関連では，プレート間地震と内陸地震は防災の観点でも性質が異なるので，扱いを分けるのがよい．プレート間地震は発生の頻度が高く，影響が広域にわたる．災害は揺れよりも津波によるものの方が深刻になることが多い．そこで，個別な地震に対する中期的な予知が防災にとっても最終目標に近い．

内陸地震の方は，特定な活断層で起こる地震の発生間隔は千年を超えるのが普通なので，その地震で周辺に居住する住民が被災する可能性は通常非常に低い．そこで，個々の断層の活動に関する中期的な評価だけでは防災にはあまり役立たない．周辺で起こるさまざまな地震の寄与をまとめて長期的な予知をしないと，有益な防災情報にはならない．

地震予知では，中期的な予知の手段として個別の地震に対する発生確率を見積ってきた．これはプレート間地震については意味があるが，内陸地震についてはほとんど無意味である．確率の概念は，むしろ長期的な予知のために，個々の場所が地震で被災する危険度を表現する手段として

用いる方がよい．

　地震についても噴火についても，現在は長期的な予知情報を一般の人たちが得るのは簡単でない．この状況は改善すべきである．例えば，原子力発電所を設置する際には，その関連機関が独自に地震や噴火の履歴などに関する情報を集め，候補地の適性を判断したと聞く．

　しかし，これは健全な姿ではない．国などが長期的な予知の情報を整備して一般に公表し，国民が情報を共有することが望ましい．原子力発電所などの重要施設を建設する場合には，その情報に基づいて判断を下すべきである．そうしないと，長期的な予知の情報が正しく使われたのかどうか，また候補地の適性が正しく判断されたのかどうか，一般の人々には検証のしようがない．

　中長期的な予知については，予測の方法などに関する技術的な問題から，情報の共有や使い方に至るまで，抜本的な検討が必要だと感じられる．東日本大震災の経験は，その必要性を我々に鋭く突きつけている．

b. 短期的な予知

　短期的な予知は，特定な地震や噴火の発生が迫ったときに，それがいつどのような形で発生するかを予測する（2.1節c）．その場合，地震や噴火の規模とともに具体的な発生時期を防災に有意な精度で予測することが求められる．予知情報の重要な目的は，立ち入り規制や避難の必要性を判断する材料にすることである．

短期的な予知は通常何らかの前兆現象を用いて行なわれる（2.3節 b）．前兆現象を捉えて予知に成功し防災に役立てた経験は地震予知にも噴火予知にもあるが（2.4節，2.5節），完全な成功事例は稀である．前兆現象の判定を現象の過去の履歴だけに頼るのでは，予知の成功は運任せになり，防災に活用できる可能性も極めて限定的になる．

そこで，前兆現象を単なる経験的な事実として扱うのではなく，その意味を地震や噴火の準備過程との関連で適切に位置づけることが重要になる．このような理論武装によって前兆現象が体系化され，それが生ずる条件や異なる前兆現象間の関連が明らかにできれば，短期的な予知の基盤はずっと強くなる．

地震や噴火の直前には，その発生に向けて準備が加速しながら急速に進行する段階があると思われる（4.3節 c）．準備過程が急速に進行すると，それにともなってさまざまな観測データに異常が現われ，その異常が前兆現象とみなされる．その意味で，前兆現象の多くは準備過程の加速性との関連で体系化できると思われる．

地殻変動などの連続観測量を用いれば，その時間変化から準備過程が加速的に進行するようすを直接読み取ることができるかもしれない．そうなれば，加速性に着目することで新しい前兆現象の開発に道が開ける．また，加速性を介在にして，各種の前兆現象を関連づけることも可能になる．

前兆現象の理解や体系化を進める上で，数値シミュレー

ションも有用な道具となる．例えば，マグマの上昇によってどこにどの程度の応力変化が生ずるかが数値シミュレーションによって見積れれば，火山性地震を前兆現象として用いるための判断基準が得られる．東海地震などに対して想定されるプリスリップについても，その発生が東海地震の準備にどう関わるかを数値シミュレーションで定量的に見積ることが望まれる．

　短期的な予知の方策は，受動的に観測される前兆現象を用いることに限定せずに，地震や噴火の発生場の状態を，探査手法を駆使して能動的に把握する方向に展開することも重要である．地震については応力の状態を，また噴火についてはマグマの状態を，特に加速的な変化に着目して探ることができれば，そのデータは現象の原因と密着した情報として予知の強力な武器になる．

c. 現象の加速性

　地震や噴火を準備する過程には現象を加速的に進行させる要因が働くと考えられる．その機構を図4.1に上げる．この例では，準備過程を構成する2つの要素が相互に強め合い，地震や噴火の発生に向けて急速に発展する．2つの要素の間に正のフィードバックが働いて，両方が破局的に増幅されることで地震や噴火が導かれる．

　まず噴火現象の加速性（図4.1右）を考えよう．マントルで生成されたマグマは10 km前後の深さまで上昇して浮力を失い，そこにマグマだまりをつくっていったん蓄積

される（3.6節a）．蓄積が十分に進んでマグマが再び上昇を始めると，マグマに加わる圧力が下がり，それまで溶解していた揮発性成分が発泡して気泡になる．

発泡が関与することで上昇過程に加速性が生じる．揮発性成分の発泡と気泡の著しい膨張のために，マグマ全体が膨張して浮力が生じ，その上部にあるマグマを押し上げる．そのためにマグマはさらに上昇し，発泡と膨張はさらに促進されて，それがまた上昇を加速する．このようにして，上昇は発泡や気相の膨張と協調し合って急速に進行し，最終的には噴火を導く．

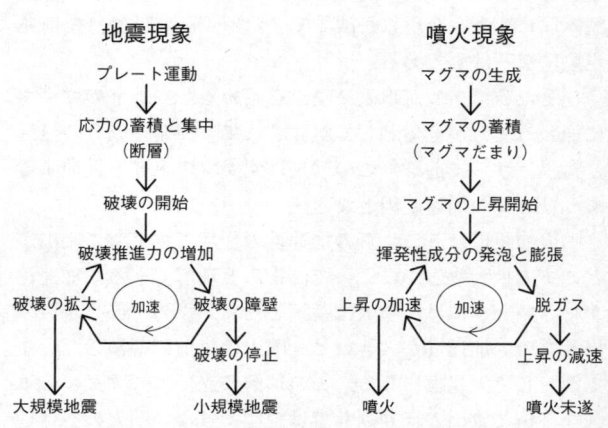

図4.1 地震（左）と噴火（右）を準備する過程を支配する要因．準備過程を加速的に進行させる要因と，減速させる要因の競合で，地震や噴火が発生する可能性や規模が決まる．

一方で加速的な進行を抑制する要素もある．溶解する状態ではほとんど移動できなかった揮発性成分が，気体になると浸透流としてマグマの内部をずっと自由に移動できるようになり，一部はマグマから抜け出す．この作用は上昇を減速させる効果をもつ．それが顕著なときには，マグマは大量の揮発性成分を失って上昇の活力をなくす．

マグマの上昇が噴火に至るかどうかは，加速と減速に寄与するこの2要素の競合によって決まる．加速の原因となる発泡や膨張が顕著な場合には，噴火は大規模で爆発的になる．減速の原因となる気体の流失が卓越すると，噴火は未遂で終わるか小規模に留まる．このどちらが起こるかを読み取れるような現象が観測できれば，それは優れた前兆現象になるはずである．

ひとたびマグマが地表に噴出を始めると，地下のマグマに加わる圧力が全体として解放されて，揮発性成分の発泡と膨張はさらに進む．この効果はマグマの上昇を促進するもうひとつの加速要因となる．

噴火の規模は，これらの加速性の作用でマグマの流出がどこまで拡大するかによって決まると理解できる．加速性が小さいときには，噴火は蓄積したマグマの一部しか汲み出せない．加速性が大きいと，噴火は以前に蓄積した分まで消費して大規模になる．この理解に立てば，マグマの単純な蓄積と放出の繰り返しでは説明できない噴火の多様性に光が当てられそうである．

地震の発生過程にも加速性が働くと考えられる．例とし

て，破壊推進力（3.5節 a）が関与するものを取り上げる（表4.1左）．破壊の拡大で応力の解放された面積が広がると，先端での応力集中の度合いが高まるために，破壊は拡大速度を速めながら加速的に進行することを思い出して欲しい（3.4節 b）．

このときに，破壊の先端が応力の低い地点や強度の高い地点を通過すると，破壊推進力はそこで抑制される．その効果が顕著な場合には破壊はそこで止められ，それまでに拡大した破壊の面積に対応して地震の規模が定まる．このように，地震の規模は破壊推進力を大きくする要素と小さくする要素の競合で決まる．大規模な地震は破壊推進力の増大がなかなか抑えられない状況で起こる．

大きな地震に対応する破壊の拡大が始まる前には，それを準備する過程があり，その準備過程を加速的に進める別な要素が働くと考えられる．断層面のあちこちで起こる小さな地震や非地震性すべりは，破壊開始点に応力を集中させ，破壊の拡大を抑制する断層の不均質を減らす効果をもつ．これらの現象が観測で把握できれば，それは有用な前兆現象となる．

このように，加速性を考えることで地震や噴火の規模を決める要因が理解できる．また，加速性にともなう諸現象が把握できれば，それは短期的な予知の前兆現象を見出し体系化するために役立つ．現象の加速性は自己組織化（3.5節 b）の一種であるとも考えられるので，その視点からの考察も有用であろう．

4.4 予知体制の評価と改革

　我が国で地震予知や噴火予知を実施し推進する体制は，基本的には地震予知計画と火山噴火予知計画によって整備され (2.3節 a)，適宜それを補充する形で生み出された (2.7節 c)．この体制は，個々の地震や噴火に対応して短期的～中長期的な予知を実施する部分，予知の実用化に向けて新たな計画を策定する部分，予知に関連する基礎研究を進める部分に分けられるだろう．

　ここでは，この3つの体制の各々について現状を概観し，問題点や改善策を考える．その検討を進めながら，4.1節 b で取り上げた予知能力の評価を補充する．

a. 実施体制

　天気予報は日常生活にも密着した情報として定着しているが，地震予知や噴火予知は基本的にはまだ実用化に向けた研究段階にあると理解される．そこで，東海地震を除けば，信頼性の高い予知情報は出せないことになっている．しかし，予知に関連する情報は可能な限り発信して社会に役立てたいという精神で，予知を実施する体制が組まれている．

　予知は地震や噴火に関する観測に基づいてなされる．観測データを常時取得する目的で，気象庁は全国的な観測網を展開し，さらに国立大学（現在は独立行政法人），国土地理院，防災科学研究所などが独自の観測網を保持してい

る．観測データは，当初は各機関が独自に保持し管理していたが，現在は気象庁に集められて（データの一元化），基本的にはすべての観測データを用いて予知がなされる体制がつくられている．

常設的な観測に加えて，海底観測なども含めた新しい観測手法の開発にも各機関が積極的に取り組んできた．また，地震予知のための断層調査，噴火予知のための火山噴出物の調査などが進められて，予知に用いる地質学的なデータも充実してきた．この意味では，地震予知や噴火予知は観測と調査によってリードされてきた．

地震や噴火の発生に関連する情報は，防災情報の一環として気象庁から発信されることになっており，その業務を遂行するために気象庁に地震火山部が設けられている．しかし，地震予知や噴火予知は研究段階にあるという理解なので，予知を背後から支えるために，国立大学や国の研究機関などに属する研究者を含めた組織が他に設けられている．この点は気象庁の担当官が予報に責任をもつ天気予報とは仕組みが異なる．

予知を支える研究者などの組織として，予知計画が発足した当初に地震予知連絡会と火山噴火予知連絡会が設けられた（2.3節 a）．地震予知連絡会は国土地理院が，また火山噴火予知連絡会は気象庁が事務局をつとめ，会議の運営と合議された内容の公表に責任をもつ．噴火予知については，現在も火山噴火予知連絡会がこの任務を受け持つ唯一の組織である．

地震予知については，その後東海地震の警戒宣言に関連する検討を行なうために地震防災対策強化地域判定会（判定会）が気象庁におかれた（2.6 節 b）．また，阪神淡路大震災の前に有効な予知情報が出せなかった経験を踏まえて，文部科学省に地震調査研究推進本部が設けられ，その内部に地震活動の予測を担当する地震調査委員会がおかれた（2.7 節 c）．

　地震予知に関連するこれら3つの評価機関には，もちろん独自の役割がある．判定会は東海地震に限定して短期的な予知を行なう組織として，また地震調査委員会は中長期的な予知を行なうことを主な目的に誕生した．結果として地震予知連絡会の影が薄くなったが，その役割の見直しはきちんとなされていないように見える．

　実際には3つの組織の役割は簡単に分離できるものでない．東海地震の予知は，原理的な意味で他の地震の予知と整合性を吟味すべきだし（2.6 節 c），実務的には東南海地震や南海地震と一体化して検討するのが実状に合っている（2.8 節 a）．また，短期的な予知は中長期的な予知と関連させることでずっと有効な防災情報になる．東北地方太平洋沖地震の事例に見るように，短期的な予知のむずかしさは今まで中長期的な予知に関する情報で補われてきた（1.4 節 a）．

　そこで，3つの別々な組織を作るのなら，その間に強い連携が求められるが，それぞれが別な省庁に所属することから，抜本的な連携はむずかしい状況にある．組織をひと

つに統一せずに3つを生み出した理由としては，省庁間で負担を分担して軽減する意味もあったろうが，それ以上に権限の調整や奪い合いの匂いが感じられる．

予知能力を評価する視点では，上記の問題点を考慮して，地震現象の予測や情報発信を担当する体制をBとした（表4.1）．地震予知と噴火予知の両方について，観測や調査の項目は，内容が充実している点と観測データが共有されている点を評価してAとした．また，防災との連携では，現状で得られる予知情報がかなり防災に活用されていることを評価し，体制としても特に問題はないものと判断した．

b. 計画を策定する体制

予知計画は発足の当初から文部科学省の学術審議会（当初は測地学審議会）に置かれた特別委員会で策定され，それに沿って実行されてきた（2.3節a）．地震予知計画と火山噴火予知計画は，長期にわたってほぼ独立に立案され実施されてきたが，2009年度からは地震予知と噴火予知を統合した形で計画が作られ，実施に移されている．

地震予知については，阪神淡路大震災後に地震調査研究推進本部が設けられた（2.7節c）．この組織によって，活断層や地下構造の調査，海底での地震や地殻変動の観測強化などを中心課題として，従来の予知計画とは別枠で独自な計画と予算に沿って調査や観測が進められるようになった．

地震予知計画も火山噴火予知計画も，当初は観測体制の強化と観測に基づく前兆現象の把握を中心課題として進められてきた．その後，前兆現象に頼る予知の限界を含めて予知のむずかしさが改めて認識されるようになり，予知のための基礎科学の推進と基礎データの充実に重点が移されるようになった．

　地震調査研究推進本部によるものも含めて，今までの予知計画で取り上げられてきた課題を検証して見ると，そのどれもが予知にとって必要な内容だったと判断できる．地震現象や噴火現象に対処する観測体制や調査結果が世界中のどこと比べても充実しているのは，まさしくこれらの計画のおかげである．その意味では，これまでに策定された計画は適切なものだったと評価できる．

　しかし，予知計画が半世紀以上も進められてきたにもかかわらず，予知の実用化は現在でもほとんど見通しが立っていない．それはなぜなのかという素朴な疑問は，予知計画の今後のあり方を考えるうえで無視できない．

　この疑問には，地震現象や噴火現象に対する認識の違いによってさまざまな答えが出されるだろうが，予知がむずかしいからだという認識では誰もが一致するだろう．予知に否定的な人たちはもう計画は止めるべきだという．本書では，予知をさらに深い視点から考えなおす立場から，3章で予知の基盤となる科学について問題点を指摘し，4.2節と4.3節で予知を進める具体的な方策を提言した．

　予知の実用化がはかばかしく進まないのはなぜかという

素朴な，あるいは根源的な疑問は，予知計画を策定する際にどう考慮されるのだろう．私の理解では，この疑問については，通常の策定過程でほとんど考慮されることがない．その理由を見出すために，予知計画がどのように策定されるのか，誤解を恐れずに手順を単純化して述べてみよう．

予知計画を策定する際の一般的な手順としては，まず観測，調査，監視，研究などで予知に密接に関与する機関に，次期の計画で何を実施したいかが尋ねられる．このアンケートを受けとると，各機関は組織の状況や想定される予算をにらんで，何を取り上げたらその機関の利益になり，予知計画の目的にもそぐうかを考えて，回答を作成する．

次に，各機関から提出された回答に基づいて，予知の特別委員会で計画を立案する．ところが，多くの場合に立案の作業は各機関の利害をうまく調整して，全体として整合的な計画を練り上げることに重点が置かれる．その過程には，予知に関する根源的な問題を議論する余裕は通常残されていない．

このような利害調整型の計画の策定は，おそらく官庁が先導して進める計画にはどこでも見られるものなのだろう．それは計画の策定を効率的に進める立場からは無理からぬものと理解できる．しかし，そこでは最も本質的な議論がないがしろにされがちになる．原子力発電の開発で安全性の議論が軽視されたのは，同様な策定体制で起ったことと推測される．

予知計画の場合には，計画が研究者の提案から始まったこともあって，研究者の間に計画を学術的な議論に立脚して進めたいという意欲が強い．その意欲は計画の節目で軌道修正をする際などに有効に生かされてきた．しかし，計画の基本的な策定体制は，予知の可能性に関する素朴な疑問に答える形にはなっていない．このことは今後の検討課題として重視すべきである．

予知能力の評価（表4.1）では，この問題点を考慮して，推進策の策定についての項目で評価をBとした．観測や調査をする体制の整備は十分に満足のいくものと評価される．

c. 基礎研究の体制

予知科学を充実させるための基礎研究は，主に国立大学と国立の研究機関などに所属する研究者によって実施されてきた．近年は大きなプロジェクトの下に目的を共有して実施する研究がどこの分野でも比重を増してきているが，予知科学の分野でも予知計画によって得られた観測データは学術的な研究に大きな貢献をしてきた (2.7節 d)．

予知計画では，特定な地震や噴火に対応する観測の強化，地下構造の探査，断層や火山の調査などの目的で，多数の研究者を束ねて観測や調査が実施されてきた．これらの共同研究は，大学の共同利用などの機会も含めると，広範囲の研究者に開放されており，基礎研究の推進に十分な役割を果たしているものと評価される．

この点を考慮して，予知能力の評価（表 4.1）では基礎研究の実施体制の評価を A とした．欲を言えば，予知の根幹に関わる問題について，もっと積極的な議論を奨励する方策が欲しい．例えば，VAN 法（2.5 節 c）の有効性について，また地震現象をフラクタルやカオスの視点から解明する可能性（3.2 節 c, 3.3 節）について，研究に関与する研究者と予知の主力を担う研究者の間でもっと活発な情報交換がなされるとよい．

参考資料

[1] 気象庁：http://www.jma.go.jp/jma/
[2] Newton 別冊，M9 超巨大地震，ニュートンプレス，160pp., 2011.
[3] NHK サイエンス ZERO 取材班・古村孝志・伊藤喜宏・辻健編著：東日本大震災を解き明かす．NHK 出版．126pp., 2011.
[4] 大木聖子，纐纈一起：超巨大地震に迫る：日本列島で何が起きているか，NHK 出版新書，205pp., 2011.
[5] 島村英紀：日本人が知りたい巨大地震 50 の疑問，ソフトバンク クリエイティブ，214pp., 2011.
[6] ウィキペディア・フリー百科事典：http://ja.wikipedia.org/wiki/
[7] 地震調査研究推進本部：http://www.jishin.go.jp/main/
[8] 宇津徳治：地震学，共立出版，286pp., 1977.
[9] 国立天文台編：理科年表，丸善，1108pp., 2011.
[10] 国土地理院：GPS 連続観測から得られた電子基準点の地殻変動：http://www.gsi.go.jp/chibankanshi/chikakukansi40005.html
[11] Y. Okada: Surface deformation due to shear and tensile faults in a half-space, Bull. Seism. Soc. Am., 75, 1135–1154, 1985.

[12]　東京大学地震研究所：http://www.eri.u-tokyo.ac.jp/index.html
[13]　都司嘉宣：地震のメカニズム，永岡書店，255pp., 2009.
[14]　佐竹健治・宍倉正展・澤井祐紀・岡村行信・行谷佑一：西暦869年の貞観地震・津波について：http://outreach.eri.u-tokyo. ac. jp/ul/EVENT/201103_Tohoku_DanwaDrSatake_Jogan.pdf
[15]　瀬川茂子：長野の海外地震観測システム，朝日新聞2011年9月10日朝刊1面.
[16]　川崎一朗・島村英紀・浅田敏：サイレント・アースクェイク，東京大学出版会，254pp., 1993.
[17]　地震調査委員会：長期的な地震発生確率の評価手法について：http://www.jishin.go.jp/main/chokihyoka/01b/choki020326.pdf
[18]　上田誠也：プレート・テクトニクス，岩波書店，268pp., 1989.
[19]　杉村新・中村保夫・井田喜明編：図説地球科学，岩波書店，266pp., 1988.
[20]　日本列島のプレート：http://www5d.biglobe.ne.jp/~miraikai/nihonnopuraito.htm
[21]　日本地震学会地震予知検討委員会編：地震予知の科学，東京大学出版会，218pp., 2007.
[22]　萩原尊禮：地震予知と災害，丸善，174pp., 1997.
[23]　佃為成：地震予知の最新科学，ソフトバンク　クリエイティブ，234pp., 2007.
[24]　井田喜明：噴火予知，火山の事典（第2版），朝倉書店，p. 391-407, 2008.

[25] INCEDE ニューズレター：地震予知の VAN 法を知っていますか？：http://sems-tokaiuniv.jp/old/eprc/res/incede/incede-j.html

[26] 石渡明：ギリシャ地震予知に関する EOS 誌上での最近の討論について：http://www.geosociety.jp/faq/content0247.html

[27] 岡田義光：パークフィールド地震について：http://cais.gsi.go.jp/KAIHO/report/kaiho73/11_73.pdf

[28] 測地学審議会：地震予知のための新たな観測研究計画の推進について：http://www.mext.go.jp/b_menu/shingi/12/sokuti/toushin/980701.htm

[29] 瀬野徹三：首都圏直下型地震の危険性の検証：本当に危険は迫っているのか, 地学雑誌, 116, 370-379, 2007.

[30] 宮地直道：富士山, 火山の事典（第2版）, 朝倉書店, p. 484-485, 2008.

[31] 中央防災会議：1707 富士山宝永噴火：http://www.bosai.go.jp/chubo/kyokun/1707-hoei-fujisanFUNKA/

[32] B. マンデルブロ（広中平祐監訳）：フラクタル幾何学, 筑摩書房, 上, 530pp., 下, 497pp., 2011.

[33] 高安秀樹：フラクタル（新装版）, 朝倉書店, 186pp., 2010.

[34] K. Aki: A probabilistic synthesis of precursor phenomena, "Earthquake prediction" (M. Ewing Series 4), American Geophysical Union, p. 566-574, 1981.

[35] 伊東敬祐：新しい地震観に向けて, 科学, 59, 654-663, 1989.

[36] E. N. Lorenz: Deterministic nonperiodic flow, J. Atmospher. Sci., 20, 130-141, 1963.

[37]　船越満明：カオス，朝倉書店，226p., 2008.
[38]　大中康譽・松浦充宏：地震発生の物理学，東京大学出版会，378pp., 2002.
[39]　Y. Ida: Cohesive force across the tip of a longitudinal-shear crack and Grifith's surface energy, J. Geophys. Res., 77, 3796-3805, 1972.
[40]　K. Aki: Characterization of barriers on an earthquake fault, J. Geophys. Res., 84, 6140-6148, 1979.
[41]　H. Kanamori: Seismological aspects of the Guatemara earthquake of February 4, 1976, J. Geophys. Res., 83, 3427-3434, 1978.
[42]　K. Aki: Asperities, barriers, characteristic earthquakes and strong motion prediction, J. Geophys. Res., 89, 5867-5872, 1984.
[43]　Y. Ida: Slow-moving deformation pulses along tectonic faults, Phys. Earth Planet. Inter., 9, 328-337, 1974.
[44]　M. Nakatani: Conceptual and physical clarification of rate and state friction: Frictional sliding as a thermally activated rheology, J. Geophys. Res., 106, 13347-13380, 2001.
[45]　堀高峰：プレート境界地震の規模と発生間隔変化のメカニズム，地震，61, S391-S402.
[46]　高安秀樹・高安美佐子：経済・情報・生命の臨界ゆらぎ，ダイヤモンド社，252pp., 2000.
[47]　J. Dubois and J. L. Cheminee: Fractal analysis of eruptive activity of some basaltic volcanoes, J. Volcanol. Geotherm. Res., 45, 197-208, 1991.
[48]　Y. Ida: Dependence of volcanic systems on tectonic stress

conditions as revealed by features of volcanoes near Izu peninsula, Japan, J. Volcanol. Geotherm. Res., 181, 35-46, 2009.

索 引

ア 行

アウターライズ地震　91
アスペリティー　137, 186, 187, 188, 190, 194, 195, 199, 216, 220
アトラクター　169
アモントンの法則　191
異常震域　92
伊豆大島近海地震　101
伊豆半島　125, 126, 127, 209
糸魚川-静岡構造線　89
インド　117
有珠山　102, 103, 104, 107
Aランクの活火山　114
S波　24, 134
エネルギー　29, 79, 158
応力　177, 179, 181, 185, 189, 210
応力拡大係数　182
応力降下　193
押し　73
押し引き分布　75
オホーツク・プレート　89
温度差　165

カ 行

海溝　80, 84
海溝型プレート間地震　37
海域地震　118, 119
海底　80
海洋地殻　83
海嶺　80, 82, 83, 84
カオス　151, 153, 164, 174, 175, 176
学術審議会　237
拡大速度　183, 184
確率　67, 71, 97, 136, 154, 227
確率予測　215
火砕流　206
火山ガス　109
火山性地震　46, 98, 99, 104, 106, 108, 110
火山性微動　99
火山前線　94
火山爆発指数　32
火山噴火予知計画　95, 237
火山噴火予知連絡会　96, 103, 108, 235
河川　200
加速性　229, 230, 231, 232, 233
加速度　16
活火山　111, 112, 114
活断層　93, 133, 136, 144, 203
カルデラ　109, 115
観測体制　238
観測データ　220, 240
観測網　234
関東地震　143
気象庁震度階級　16
揮発性成分　205, 231, 232
気泡流　205
奇妙なアトラクター　173, 174
逆断層型　77
休火山　115

強度　179, 185, 194
強度の不均質　186
霧島山　145
ギリシャ　120
亀裂　154
緊急地震速報　134, 135, 217
空白域　51
グーテンベルグ・リヒター則　155, 159, 189
グーテンベルグ・リヒターの関係式　157
グリフィス　183
クーロン破壊関数変化量　138
群発地震　98, 199, 222
警戒宣言　128
原子力発電　58, 62, 71, 228
宏観異常現象　102, 118
降水確率　66
固化　204
誤差　151, 152, 153
固着　177, 179, 193, 201
固有地震　180, 188, 198, 199

サ　行

災害要因　59
相模トラフ　127
桜島　145
サンアンドレアス断層　122
山頂噴火　207
山腹噴火
サンフランシスコ地震　122
三陸地震　51
死火山　115
自己相似性　161, 175, 189
自己組織化　199, 200, 201, 203, 204, 223, 233
地震　65, 219

地震調査委員会　136, 144, 236
地震調査研究推進本部　51, 136, 236, 237
地震動　16, 21, 65
地震の発生間隔　67
地震の頻度　156
地震波　21, 177
地震波速度　75
地震発生履歴　69
地震モーメント　30, 79
地震予知　150
地震予知計画　95, 135, 237
地震予知の科学　149
地震予知連絡会　96, 235, 236
周期　30, 179
周期性　52
重力加速度　39
準備過程　229
貞観地震　52, 53
貞観噴火　146
消磁　100
衝突　117, 126, 127, 129, 209, 210
初動　25, 72
震央　24
シングルカップル　73
震源　21, 24, 25, 72
震源域　24, 65, 199
震源球　76
震源分布　47, 48
震度　16, 17, 18, 20, 133, 134
震度計　16
深発地震　92, 96
深部低周波微動　137
水蒸気爆発　109
数値シミュレーション　222, 223, 224, 229
ストレンジ・アトラクター　173

すべり　24, 177, 181, 187
すべり量　31
スラブ内地震　92
駿河トラフ　125, 127
スロースリップ　136, 137, 194
正断層型　77, 82
静摩擦係数　191
節面　73
前震　53, 54, 100, 101, 118, 120, 133, 190, 197
前兆現象　54, 96, 97, 98, 100, 110, 111, 115, 130, 155, 216, 218, 221, 229, 230, 238
前兆すべり　129, 137
測地学審議会　95, 237
速度・状態依存摩擦則　191, 192, 194
塑性すべり　187

タ 行

大正関東地震　93
体積歪計　128
太平洋プレート　37, 82, 88, 93
太陽系　88
ダイラタンシー理論　116, 117
大陸　81
大陸移動説　79
対流　164, 165, 170
縦波速度　116
ダブルカップル　73, 75, 79
短期的な予知　53, 70, 216, 228, 236
探査手法　230
弾性反発モデル　177
断層　24, 25, 31, 33, 36, 60, 75, 177, 201
断層反発モデル　179
断層面積　180

地殻変動　32, 33, 39, 99
地電位　120
地電流　121
中期的な予知　70, 225, 226
中国　117, 118
中長期的な予知　71, 72, 135, 215, 225, 236
長期的な予知　71, 225, 226, 227, 228
長期予報　175
調査　235, 238
長周期の地震動　141
長周期の地震波　55
直前予知　53, 70, 97
直下地震　142, 143, 144
チリ地震　28
津波　13, 15, 21, 23, 39, 40, 41, 42, 43, 45, 52, 54, 58, 140, 141, 217
津波計　44
津波地震　57, 64, 92
津波の予測　55
低角逆断層型　91
低周波地震　147
定常状態　167, 168
堤防　59
データの一元化　235
天気予報　66, 175
東海地震　72, 124, 128, 129, 130, 135, 139, 140, 221, 234
統計則　220
唐山地震　118, 119
東南海地震　139, 140
東北地方太平洋沖地震　13, 24, 26, 31, 33, 36, 42, 45, 46, 53, 56, 61, 71, 91, 93, 135, 144, 189, 216
動摩擦係数　137, 191, 192, 193
特徴的なスケール　160, 161
特別委員会　239

トランスフォーム断層 82, 84, 122

ナ 行

内陸地震 68, 93, 94, 202, 227
南海地震 139, 140
南海トラフ 61, 67, 88, 125, 138, 194
新潟地震 101
日本海溝 88
熱伝導 170
濃尾地震 95
野島断層 132

ハ 行

破壊 21, 24, 154, 159, 177, 179, 185, 195, 196, 197, 201
破壊推進力 196, 197, 233
パークフィールド 123, 179
ハザードマップ 216, 227
波長 30
発生間隔 68
バリア 186, 187, 195, 196, 198, 199, 202
阪神淡路大震災 16, 131
判定会 128, 129, 236
VAN 法 120, 121, 122
被害地震 50
東日本大震災 13, 69
引き 73
非地震性すべり 194
歪 177
非線形 175
b 値 158, 163
避難指示 103, 110
P 波 24, 134
ヒマラヤ山脈 118
評価項目 213
兵庫県南部地震 68, 94, 131

表面エネルギー 183, 185
B ランクの活火山 114, 145
フィリピン海プレート 88, 93, 138
不均質な場 195
富士山 145
フラクタル 160, 163, 174, 200
フラクタル次元 162, 163, 204
フラクタル理論 219
プランドル数 166, 170
ブループリント 95
プレート 36, 37, 80, 81, 84
プレート間地震 37, 39, 60, 67, 68, 91, 93, 94, 124, 136, 139, 143, 179, 187, 227
プレート境界 38, 82, 201
プレートテクトニクス 38, 79, 80, 83, 88
噴煙 206
噴火 103, 204, 219
噴火の様式 205
噴火予知 150
噴石 109, 206
噴霧流 206
平衡点 168, 169, 172
変色水 108
宝永噴火 146
防災 226
北米プレート 37, 89
ホットスポット 88
ホットスポット火山 83
本震 197, 222

マ 行

マグニチュード 13, 28, 29, 30, 32, 38, 47, 52, 79, 98, 156
マグマ 203
マグマだまり 111, 204, 230

マントル 37
マントルウェッジ 92
マントル対流 80
三宅島 108
明治三陸地震 57
メカニズム解 77, 131
メルカリ震度階級 20

ヤ 行

誘発 45, 147
誘発地震 138
ユーラシア・プレート 82, 89
溶岩 206
要素 64
横ずれ型 131
横ずれ断層型 77, 93
横波速度 116
余震 25, 38, 131, 197, 198, 222
予測手法 217
予知 63
予知計画 95, 96, 212, 239, 240
予知手法 224
予知能力 212, 213, 214, 237, 240, 241
予知の可能性 150
予知の実用化 211, 238
4象限型 73, 75

ラ 行

ラドン 101, 118
ランクづけ 215
力学法則 150
臨界状態 200, 201
臨界値 166
レイリー数
連動 52, 129, 140, 189, 199, 216
ローレンツ方程式 164, 169, 170, 171, 172, 174, 175, 176

ワ 行

割れ目 181, 182, 185
割れ目噴火 207, 209

本書は、「ちくま学芸文庫」のために書き下ろされたものである。

ちくま学芸文庫

二〇一二年六月十日　第一刷発行

地震予知と噴火予知

著　者　井田喜明（いだ・よしあき）
発行者　熊沢敏之
発行所　株式会社　筑摩書房
　　　　東京都台東区蔵前二-五-三　〒一一一-八七五五
　　　　振替〇〇一六〇-八-四一二三
装幀者　安野光雅
印刷所　株式会社加藤文明社
製本所　株式会社積信堂

乱丁・落丁本の場合は、左記宛に御送付下さい。
送料小社負担でお取り替えいたします。
ご注文・お問い合わせも左記へお願いします。
筑摩書房サービスセンター
埼玉県さいたま市北区櫛引町二-二六〇四　〒三三一-八五〇七
電話番号　〇四八-六五一-〇〇五三
© YOSHIAKI IDA 2012 Printed in Japan
ISBN978-4-480-09463-6　C0144